产教融合信息技术类“十三五”规划教材

西普教育研究院 IT 前沿技术方向校企合作系列教材

Hadoop 平台搭建与应用

米洪 张鸰 ◎ 主编

郑莹 顾军林 林雪纲 ◎ 副主编

Hadoop Platform Construction and Application

人 民 邮 电 出 版 社

北 京

图书在版编目（CIP）数据

Hadoop平台搭建与应用 / 米洪，张鸰主编. -- 北京：人民邮电出版社，2020.7（2023.8重印）
产教融合信息技术类“十三五”规划教材
ISBN 978-7-115-52498-0

Ⅰ. ①H… Ⅱ. ①米… ②张… Ⅲ. ①数据处理软件－高等学校－教材 Ⅳ. ①TP274

中国版本图书馆CIP数据核字(2019)第258523号

内容提要

本书以任务驱动为主线，围绕企业级应用进行项目任务设计，介绍了平台的本地模式安装、伪分布式模式安装及完全分布式模式安装，并基于 Hadoop 2.X 生态系统，全面讲解了 Hive 环境搭建与基本操作、ZooKeeper 环境搭建与基本操作、HBase 环境搭建与基本操作、Hadoop 常用工具组件的安装与应用、集群搭建与管理，以及 Hadoop 平台应用综合案例等相关知识及操作技能。

本书具有实用性和可操作性强、语言精练、通俗易懂等特点，可作为高等院校大数据应用专业、软件技术专业、云计算技术与应用专业的教材，也可作为从事大数据分析、云计算应用等工作的技术人员的参考用书。

◆ 主　　编　米　洪　张　鸰
副 主 编　郑　莹　顾军林　林雪纲
责任编辑　左仲海
责任印制　王　郁　马振武

◆ 人民邮电出版社出版发行　　北京市丰台区成寿寺路 11 号
邮编　100164　　电子邮件　315@ptpress.com.cn
网址　https://www.ptpress.com.cn
北京市艺辉印刷有限公司印刷

◆ 开本：787×1092　1/16
印张：12.25　　2020 年 7 月第 1 版
字数：219 千字　　2023 年 8 月北京第 9 次印刷

定价：39.80 元

读者服务热线：(010) 81055256　印装质量热线：(010) 81055316
反盗版热线：(010) 81055315
广告经营许可证：京东市监广登字 20170147 号

前言 FOREWORD

1. 缘起

大数据技术在人们的日常生活中已经得到了广泛应用，随着物联网、人工智能等技术的发展，信息技术与经济社会不断交汇融合，销售报表、市场调研、盈利分析等应用不断丰富，数据规模可能达到 PB、EB、ZB 等量级。大数据正日益对全球生产、流通、分配、消费活动及经济运行机制和社会生活方式产生重大影响。要从大数据中发现新知识、创造新价值、提升新能力，传统的数据处理方式和处理平台无法满足应用需求的发展，以云计算技术为支撑的大数据处理平台的出现为落实大数据应用提供了可行的思路和方案。Hadoop 是一个能够让用户轻松构建和使用的分布式计算平台，用户可以轻松地在 Hadoop 上开发和处理海量数据。

2. 特点

本书基于企业级大数据处理应用项目，以任务驱动为主线，指导读者基于 Hadoop 生态系统进行大数据平台的构建，全书主要介绍以下内容。

（1）Hadoop 环境搭建与测试。

（2）Hive 环境搭建与基本操作。

（3）ZooKeeper 环境搭建与基本操作。

（4）HBase 环境搭建与基本操作。

（5）Hadoop 常用工具组件的安装与应用。

（6）使用 Ambari 实现 Hadoop 集群搭建与管理。

3. 使用

（1）教学内容课时安排：本书建议授课 64 课时，教学单元与课时安排如下表所示。

教学单元与课时安排

序号	课程项目	课程模块（任务、情境）	模块课时	项目课时
1	项目 1　认识大数据	任务 1.1　认知大数据，完成系统环境搭建	4	8
		任务 1.2　Hadoop 环境搭建	4	
2	项目 2　Hive 环境搭建与基本操作	任务 2.1　Hive 的安装与配置	4	8
		任务 2.2　Hive 操作	4	
3	项目 3　ZooKeeper 环境搭建与基本操作	任务 3.1　ZooKeeper 的安装与配置	4	8
		任务 3.2　ZooKeeper CLI 操作	4	

续表

序号	课程项目	课程模块（任务、情境）	模块课时	项目课时
4	项目 4　HBase 环境搭建与基本操作	任务 4.1　HBase 的安装与配置	4	8
		任务 4.2　HBase Shell 操作	4	
5	项目 5　Hadoop 常用工具组件的安装与应用	任务 5.1　Sqoop 的安装与应用	4	12
		任务 5.2　Pig 的安装与应用	4	
		任务 5.3　Flume 的安装与应用	4	
6	项目 6　集群搭建与管理	任务 6.1　搭建 Ambari Hadoop 系统	4	8
		任务 6.2　使用 Ambari 管理 Hadoop 集群	4	
7	项目 7　Hadoop 平台应用综合案例	任务 7.1　本地数据集上传到数据仓库 Hive	4	12
		任务 7.2　使用 Hive 进行简单的数据分析	4	
		任务 7.3　Hive、MySQL、HBase 数据的互导	4	
合计				64

（2）课程资源一览表：本书是云计算与大数据应用等专业校企产教融合系列教材中的一本，配备了丰富的数字化教学资源，与本书配套的相关资源，读者可以联系北京西普阳光教育科技股份有限公司获取，或登录人邮教育社区（www.ryjiaoyu.com）下载。

4．致谢

本书由南京交通职业技术学院的米洪、张鸰任主编并完成统稿工作，由郑莹、顾军林、林雪纲任副主编。本书的编写得到了南京交通职业技术学院的钱佳豪、夏纪文、柏灵等的大力支持，在此表示衷心的感谢！在本书编写过程中，编者参阅了国内外同行编写的相关著作和文献，谨向各位作者致以深深的谢意！

由于编者水平有限，书中难免存在疏漏之处，恳请广大读者批评、指正。编者联系方式：njcimh@njitt.edu.cn。

编　者

2020 年 4 月

目录 CONTENTS

项目 1

项目 2

项目 3

项目 4

项目 5

项目 6

项目 7

项目 1
认识大数据

01

学习目标

【知识目标】

① 了解大数据的概念和特征。
② 领会大数据处理与分析流程。

【技能目标】

① 熟悉大数据分析与处理工具。
② 学会 Ubuntu 的安装。
③ 学会 Ubuntu 中常用的 Linux 命令。
④ 学会 Hadoop 的安装与配置。

项目描述

大数据正在催生以数据资产为核心的多种商业模式，产生了巨大的应用价值。数据的生成、分析、存储、分享、检索、消费构成了大数据的生态系统，每一个环节都产生了不同的需求，新的需求又驱动技术创新和方法创新。大数据技术正在融合社会应用，使数据参与决策，发掘大数据真正有效的价值，进而影响人们未来的生活模式。近年来，随着物联网的兴起，移动应用的流行和社交媒体的快速发展，大数据技术展现出其独有的时代特性，广泛应用在客户群体细分、数据搜索、虚拟现实、个性推荐、客户关系管理等方面。其巨大的延伸价值，越来越成为时代焦点，受到了人们的关注。

大数据技术是收集、整理、处理大容量数据集，并从中获得结论的非传统战略和技术的总称。由于 Hadoop 已经成为应用最广泛的大数据框架技术，因此大数据相关技术主要围绕 Hadoop 展开，涵盖 Hadoop、MapReduce、HDFS 和 HBase 等技术。

本项目主要完成 Ubuntu 的安装和 Hadoop 3 种运行模式下的安装与配置。

任务 1.1 认知大数据，完成系统环境搭建

任务描述

（1）学习大数据相关知识，熟悉大数据的定义，大数据的基本特征及大数据处理与分析的相关技术、工具或产品等。

（2）完成系统环境搭建，为 Hadoop 的搭建做好准备。

任务目标

（1）熟悉大数据的概念和特征。

（2）熟悉大数据分析流程和工具使用。

（3）学会 Ubuntu 的安装。

（4）学会 Ubuntu 中常用命令的使用。

知识准备

1. 大数据背景知识

大数据是时下 IT 界备受追捧的技术，在全球引领了新一轮数据技术革命的浪潮，通过 2012 年的蓄势待发，2013 年被称为“世界大数据元年”，标志着世界正式步入了大数据时代。移动互联网、物联网及传统互联网等每天都会产生海量的数据，人们可以使用适当的统计分析方法对收集来的大量数据进行分析，将它们加以汇总和理解，以求最大化地开发数据的功能，发挥数据的作用。Hadoop 技术与大数据结合紧密，它最擅长的就是高效地处理海量规模的数据，它就是为大数据而生的。

想要系统地认知大数据，必须要全面而细致地分解它，接下来将从 3 个层面展开介绍，如图 1-1 所示。

第 1 个层面是理论。理论是认知的必经途径，也是被广泛认同和传播的基础。人们从大数据的特征定义出发，去理解行业对大数据的整体描绘和定性；从对大数据价值的探讨出发，去深入解析大数据的价值所在；从大数据的现在和未来出发，去洞悉大数据的发展趋势；从大数据隐私的视角出发，去审视人和数据之间的长久博弈。

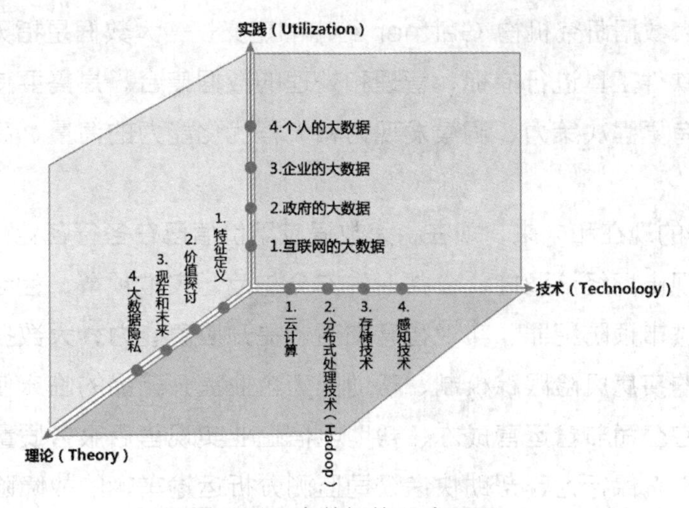

图 1-1　大数据的 3 个层面

第 2 个层面是技术。技术是大数据价值体现的手段和前进的基石。人们分别从云计算、分布式处理技术、存储技术和感知技术的发展出发，去说明大数据从采集、处理、存储到形成结果的整个过程。

第 3 个层面是实践。实践是大数据的最终价值体现。人们分别从互联网的大数据、政府的大数据、企业的大数据和个人的大数据 4 个方面出发，去描绘大数据已经展现的美好景象及即将实现的蓝图。

（1）从理论层面认知大数据

① 大数据的特征定义。最早提出大数据时代到来的是麦肯锡咨询公司，它是美国首屈一指的咨询公司，是研究大数据的先驱。在其报告 *Big data: The next frontier for innovation, competition, and productivity* 中给出了大数据的定义：大数据指的是大小超出常规的数据库工具获取、存储、管理和分析能力的数据集。

业界（IBM 最早定义）将大数据的特征归纳为 4 个 V。

a. 数据体量巨大（Volume）：大数据的起始计量单位至少是 PB（1 000TB）、EB（10^6TB）或 ZB（10^9TB）。

b. 数据类型繁多（Variety）：如网络日志、视频、图片、地理位置信息等。

c. 价值密度低，商业价值高（Value）：由于数据采集的不及时，数据样本的不全面、数据不连续等，可能会导致数据失真，但当数据量达到一定规模时，可以通过更多的数据实现更真实、全面的反馈。

d. 处理速度快（Velocity）：大数据处理对处理速度有较高要求，一般要在秒级时间范围内给出分析结果，时间太长就失去了价值。速度要求是大数据处理技术和传统的数据挖掘技术最大的区别。

本书认同大数据研究机构 Gartner 给出的定义——大数据是指无法在一定时间范围内用常规软件工具进行捕捉、管理和处理的数据集合，是需要使用新处理模式才能处理的具有更强决策力、洞察发现力和流程优化能力的海量、高增长率和多样化的信息资产。

② 大数据的现在和未来。现在，大数据应用价值已在各行各业凸显。大数据能够帮助政府实现市场经济调控、公共卫生安全防范、灾难预警、社会舆论监督；大数据能够帮助城市预防犯罪、实现智慧交通、提升应急能力；大数据能够帮助医疗机构建立患者的疾病风险跟踪机制、帮助医药企业提升药品的临床使用效果；大数据能够帮助航空公司节省运营成本、帮助电信企业实现售后服务质量提升、帮助保险企业识别欺诈骗保行为、帮助快递公司监测分析运输车辆的故障险情以便提前预警维修、帮助电力公司有效识别即将发生故障的设备。

不管大数据的核心价值是不是预测，但是基于大数据形成决策的模式已经为不少企业带来了盈利和声誉。从大数据的价值链条来分析，存在以下 3 种情况。

a. 手握大数据，但是没有利用好：比较典型的是金融机构、电信行业、政府机构等。

b. 没有数据，但是知道如何帮助有数据的人利用它：比较典型的是 IT 咨询和服务企业，如埃森哲（Accenture）、IBM、甲骨文（Oracle）等。

c. 既有数据，又有大数据思维：比较典型的是谷歌、亚马逊（Amazon）、万事达（Mastercard）等。

未来，在大数据领域最具有价值的是以下两种事物。

a. 拥有大数据思维的人，这种人可以将大数据的潜在价值转换为实际利益。

b. 还没有被大数据触及的业务领域。这些是还未被挖掘的“金矿”，即所谓的“蓝海”。

③ 大数据带来的隐私问题。大数据时代，如何保护隐私是用户必须面对的问题，当人们在不同的网站上注册了个人信息后，可能这些信息已经被扩散出去。当人们莫名其妙地受到各种邮件、电话、短信的骚扰时，不会想到自己的电话号码、邮箱、生日、购买记录、收入水平、家庭住址、亲朋好友等私人信息，早就被各种商业机构非法存储、转卖给其他有需要的企业或个人了。当微博、微信、QQ 等社交平台肆意地吞噬着数亿用户的各种信息时，就很难保护隐私了，就算用户删除了相关信息，但也许这些信息已经被其他人保存了，甚至有可能被保存为快照，可以提供给任意用户进行搜索。因此，在大数据的背景下，很多人在积极地抵制无底线的数字化，这种大数据和个体之间的博弈还会一直继续下去。

当很多互联网企业意识到隐私对于用户的重要性时，为了继续得到用户的信任，它们采取了很多办法，如谷歌公司承诺保留用户的搜索记录时间为 9 个月，有的浏览器厂商提供了无痕模式，社交网站拒绝使用公共搜索引擎的爬虫程序，并将提供出去的数据全部采取匿名方式进行处理等。

被誉为“大数据商业应用第一人”的维克托·舍恩伯格，在《大数据时代》一书中给出了一些在大数据背景下有效保护隐私的建议。

a. 减少信息的数字化。

b. 建立隐私权法。

c. 增强数字隐私权基础设施（类似于数字版权管理）。

d. 改变人类认知（接受忽略过去）。

e. 创造良性的信息生态。

f. 完全语境化。

（2）从技术层面认知大数据

① 云技术。大数据常被和云计算联系到一起，因为实时的大型数据集分析，需要分布式处理框架来向数十、数百甚至数万的计算机分配工作。云计算的特色在于对海量数据的挖掘。如今，在谷歌、亚马逊等一批互联网企业的引领下，创建了一种行之有效的模式，即云计算提供基础架构平台，大数据应用可以运行在这个平台上。

业内认为两者的关系如下：没有大数据的信息积淀，云计算的处理能力再强大，也难以找到用武之地；没有云计算的处理能力，大数据的信息积淀再丰富，终究也只是镜花水月。

云计算和大数据之间的关系如图 1-2 所示。

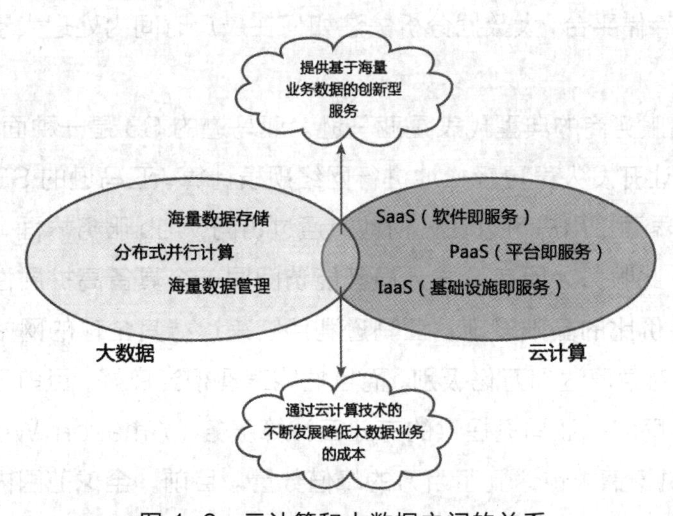

图 1-2　云计算和大数据之间的关系

两者之间结合后会产生如下效应：可以提供更多基于海量业务数据的创新型服务，并通过云计算技术的不断发展降低大数据业务的创新成本。云计算与大数据最明显的区别在以下两个方面。

a. 在概念上两者有所不同。云计算改变了 IT，而大数据改变了业务。然而，大数据必须有云计算作为基础架构，才能得以顺畅运营。

b. 大数据和云计算的目标受众不同。云计算是首席信息官（CIO）等关心的技术层，是一个进阶的 IT 解决方案。大数据是首席执行官（CEO）关注的、业务层的产品，而大数据的决策者是业务层。

② 分布式处理技术。分布式处理系统可以将位于不同地点、具有不同功能、拥有不同数据的多台计算机用通信网络连接起来，在控制系统的统一管理下，协调地完成信息处理任务。

大数据分布式处理系统的典型代表是 Hadoop，它有一个 MapReduce 软件框架，能以一种可靠、高效、可伸缩的方式对大数据进行分布式处理。MapReduce 是谷歌提出的一种云计算核心计算模式，是一种分布式运算技术，也是简化的分布式编程模式。MapReduce 的主要思想是将要执行的问题（如程序）自动分割，拆解成 Map（映射）和 Reduce（规约），在数据被分割后，通过 Map 函数的程序将数据映射成不同的区块，分配给计算机集群处理，达到分布式运算的效果，再通过 Reduce 函数的程序将结果汇总，从而输出开发者需要的结果。

③ 存储技术。大数据可以抽象地分为大数据存储和大数据分析，这两者的关系如下：大数据存储的目的是支撑大数据分析。到目前为止，大数据存储和大数据分析是两种截然不同的计算机技术领域。大数据存储致力于研发可以扩展至 PB 甚至 EB 级别的数据存储平台；大数据分析关注如何在最短时间内处理大量不同类型的数据集。

大数据存储服务商的典型代表是亚马逊。亚马逊的 S3 是一种面向 Internet 的存储服务，旨在让开发人员更轻松地进行网络规模计算。亚马逊的 S3 提供了一个简明的 Web 服务界面，用户可以在任何地点通过访问 Web 服务界面，存储和检索任意大小的数据。此服务让所有开发人员都能访问同一个具备高扩展性、高可靠性、高安全性和高性价比的基础设施，亚马逊利用它来运行其全球的网站网络。亚马逊的 S3 云的存储对象已达到万亿级别，而且性能表现相当良好，目前已经拥有万亿跨地域存储对象，同时，亚马逊提供的专业云计算服务（Amazon Web Services，AWS）的对象执行请求也达到了百万的峰值数量。目前，全球范围内已经有数以十万计的企业在通过 AWS 运行自己的全部或者部分日常业务。这些企业用户遍布 190

多个国家和地区，几乎世界上的每个角落都有亚马逊用户的身影。

④ 感知技术。大数据的采集和感知技术的发展是紧密联系的。以传感器技术、指纹识别技术、RFID 技术、坐标定位技术等为基础的感知能力提升，同样是物联网发展的基石。全世界的工业设备、汽车、电表上有着无数的数码传感器，随时测量和传递着有关位置、运动、震动、温度、湿度乃至空气中化学物质的变化，这些都会产生海量的数据信息。

而随着智能手机的普及，感知技术迎来了发展的高峰期，除了地理位置信息被广泛应用之外，一些新的感知手段也开始登上舞台，例如，指纹传感器和人脸识别系统等。其实，这些感知被逐渐捕获的过程就是世界被数据化的过程，一旦世界被完全数据化，那么世界的本质就是信息了。

所以说“人类以前延续的是文明，现在传承的是信息”。

（3）从实践层面认知大数据

① 互联网的大数据。互联网的数据每年增长50%，每两年便翻一番，而目前世界上 90%以上的数据是最近几年才产生的。互联网是大数据发展的前哨阵地，随着 Web 2.0 时代的发展，人们似乎都习惯了将自己的生活通过网络进行数据化，以方便分享、记录和回忆。

互联网的大数据很难清晰地界定分类界限，先看看中国互联网公司三巨头——百度、阿里巴巴、腾讯的大数据。

百度拥有两种类型的大数据：用户搜索表征的需求数据、通过爬虫和阿拉丁获取的公共 Web 数据。百度通过对网页数据的爬取、网页内容的组织和解析，并进行语义分析，进而产生对搜索需求的精准理解，以便从海量数据中找准结果，实质上就是一个数据的获取、组织、分析和挖掘的过程。搜索引擎在大数据时代面临的挑战有：更多的深网数据，更多的 Web 化但是没有结构化的数据，和更多的 Web 化、结构化但是封闭的数据。

阿里巴巴拥有交易数据和信用数据。这两种数据更容易挖掘出商业价值。除此之外，阿里巴巴还通过投资等方式掌握了部分社交数据、移动数据，如微博社交数据和高德地图相关数据等。

腾讯拥有用户关系数据和基于此产生的社交数据。这些数据可以分析人们的生活和行为，从中挖掘出政治、社会、文化、商业、健康等领域的信息，甚至预测未来。

在信息技术更为发达的美国，除了谷歌等知名公司之外，已经涌现了很多专门经营大数据类型产品的公司，这里主要介绍以下几家公司。

a. Metamarkets：这家公司对推特（Twitter）用户的支付、签到和一些与互联网相关的问题进行了分析，为客户提供了很好的数据分析服务。

b. Tableau：主要集中于将海量数据以可视化的方式展现出来。Tableau 为数字媒体提供了一个新的展示数据的方式，为用户提供了一个免费工具，任何人在没有编程知识背景的情况下都能制造出数据专用图表。它还能对数据进行分析，并提供有价值的建议。

c. ParAccel：ParAccel 向美国执法机构提供了数据分析，例如，对 15 000 个有犯罪前科的人进行跟踪，从而向执法机构提供了参考价值较高的犯罪预测。这个公司被称为“犯罪的预言者”。

d. QlikTech：QlikTech 旗下的 QlikView 是一个商业智能领域的自主服务工具，能够应用于科学研究和艺术等领域。为了帮助开发者对这些数据进行分析，QlikTech 提供了对原始数据进行可视化处理等功能的工具。

e. GoodData：GoodData 希望帮助客户从数据中挖掘财富。这家创业公司主要面向商业用户和 IT 企业高管，提供数据存储、性能报告、数据分析等工具。

下面简要归纳一下互联网中大数据的典型代表。

a. 用户行为数据：用于精准广告投放、内容推荐、行为习惯和喜好分析、产品优化等业务。

b. 用户消费数据：用于精准营销、信用记录分析、活动促销、理财等业务。

c. 用户地理位置数据：用于在线到离线/线上到线下推广、商家推荐、交友推荐等业务。

d. 互联网金融数据：用于小额贷款、支付、信用、供应链金融等业务。

e. 用户社交数据：用于潮流趋势分析、流行元素分析、受欢迎程度分析、舆论监控分析、社会问题分析等业务。

② 政府的大数据。美国政府曾宣布投资 2 亿美元拉动大数据相关产业发展，将“大数据战略”上升为国家意志。美国政府将数据定义为“未来的新石油”，并表示一个国家拥有数据的规模、活性及解释运用的能力将成为综合国力的重要组成部分。未来，对数据的占有和控制甚至将成为陆权、海权、空权之外的另一种国家核心资产。

在我国，政府各个部门都握有构成社会基础的原始数据，如气象数据、金融数据、信用数据、电力数据、煤气数据、自来水数据、道路交通数据、客运数据、安全刑事案件数据等。这些数据在每个政府部门中看起来都是单一的、静态的。但是，如果政府可以将这些数据关联起来，并对这些数据进行有效的关联分析和统一管理，这些数据必定获得新生，其价值是无法估量的。

具体来说，现在城市都在走向智能化，如智能电网、智慧交通、智慧医疗、智慧环保、智慧城市，这些都依托于大数据，可以说大数据是智慧的核心能源。从我国整体投资规模来看，自 2012 年中华人民共和国住房和城乡建设部发布《关于开展国家智慧城市试点工作的通知》至今，全国创建智慧城市的数量超过 290 个，通信网络和数据平台等基础设施建设投资规模接近 5 000 亿元。大数据为智慧城市的各个领域提供了决策支持。在城市规划方面，通过对城市地理、气象等自然信息，和经济、社会、文化、人口等人文社会信息的挖掘，可以为城市规划提供决策，强化城市管理服务的科学性和前瞻性；在交通管理方面，通过对道路交通信息的实时挖掘，能有效缓解交通拥堵，并快速响应突发状况，为城市交通的良性运转提供科学的决策依据；在舆情监控方面，通过网络关键词搜索及语义智能分析，能提高舆情分析的及时性、全面性，全面掌握社情民意，提高公共服务能力，应对网络突发的公共事件，打击违法犯罪；在安防与防灾方面，通过大数据的挖掘，可以及时发现人为或自然灾害、恐怖事件，提高应急处理能力和安全防范能力。

另外，作为国家的管理者，政府应该有勇气将手中的数据逐步开放，提供给更多有能力的机构组织或个人来分析并加以利用，以加速造福人类。例如，中华人民共和国国家统计局筹建的 data.stats.gov.cn 网站，实现了政府数据的公开。

③ 企业的大数据。电商企业首席体验官（CXO）最关注的还是报表曲线的背后有怎样的信息，他们该做怎样的决策，其实这一切都需要通过数据来传递和支撑。在理想的世界中，大数据是巨大的杠杆，可以改变公司的影响力、带来竞争差异、节省金钱、增加利润、愉悦买家、奖赏忠诚用户、将潜在客户转换为客户、增加吸引力、打败竞争对手、开拓用户群并创造市场。

那么，哪些传统企业最需要大数据服务呢？先来举几个例子。

a. 对大量消费者提供产品或服务的企业（精准营销）。

b. 做小而美模式的中长型企业（服务转型）。

c. 在互联网压力之下必须转型的传统企业（生死存亡）。

对于企业的大数据，还有一种预测：随着数据逐渐成为企业的一种资产，数据产业会向传统企业的供应链模式发展，最终形成“数据供应链”。这里有两个明显的现象。

a. 外部数据的重要性日益超过内部数据。在互连互通的网络时代，单一企业的内部数据与整个互联网数据相比只是沧海一粟。

b. 能提供包括数据供应、数据整合与加工、数据应用等多环节服务的公司会有明显的综合竞争优势。

对于提供大数据服务的企业来说，其等待的是合作机会，就像微软的总裁布拉德·史密斯所说："给我提供一些数据，我就能做一些改变。如果给我提供所有数据，我就能拯救世界。"

如今，一直做企业服务的巨头公司的优势将不复存在，随着新兴互联网企业加入战局，企业间开启了残酷竞争模式。为何会出现这种局面？从 IT 产业的发展来看，第一代 IT 巨头大多是 ToB（即面向企业）的，如 IBM、微软、甲骨文、SAP、惠普等传统 IT 企业；第二代 IT 巨头大多是 ToC（即面向用户）的，如雅虎、谷歌、亚马逊等互联网企业。大数据到来前，这两类公司彼此之间基本上是井水不犯河水的，但在当前大数据时代，这两类公司已经开始直接竞争。这个现象出现的本质原因是在互联网巨头的带动下，传统 IT 巨头的客户普遍开始从事电子商务业务，正是由于客户进入了互联网，所以传统 IT 巨头们不情愿地被拖入了互联网领域。如果它们不进入互联网，其业务量必将萎缩。在进入互联网后，它们又必须将云技术、大数据等互联网最具有优势的技术通过封装打造成自己的产品再提供给企业。

以 IBM 为例，前一个十年，他们抛弃了计算机硬件，成功转向了软件和服务。目前，其将远离服务与咨询，更多地专注于因大数据分析软件而带来的全新业务增长点。IBM 前首席执行官罗睿兰认为"数据将成为一切行业当中决定胜负的根本因素，最终数据将成为人类至关重要的自然资源"。IBM 积极地提出了"大数据平台"架构，该平台的四大核心组成部分包括 Hadoop 系统、流计算（Stream Computing）、数据仓库（Data Warehouse）和信息整合与治理（Information Integration and Governance），如图 1-3 所示。

另外一家亟待通过云和大数据战略而复苏的巨头公司惠普也推出了自己的产品——HAVEn，它是一个可以自由扩展伸缩的大数据解决方案。这个解决方案由 Hadoop/HDFS、惠普智能数据操作层（Autonomy IDOL）、惠普分析平台（HP Vertica）、惠普企业安全管理和惠普企业级安全管理（Enterprise Security）关键组件组成，并提供对第三方应用的集成（nApps）支持。HAVEn 不是一个软件平台，而是一个生态环境。四大组成部分满足不同的应用场景需要，Autonomy IDOL 是解决音视频识别的方案；Vertica 是解决数据处理的速度和效率的方案；Enterprise Security 是解决数据处理的方案；Hadoop/HDFS 提供了对通用 Hadoop 技术的支持，如图 1-4 所示。

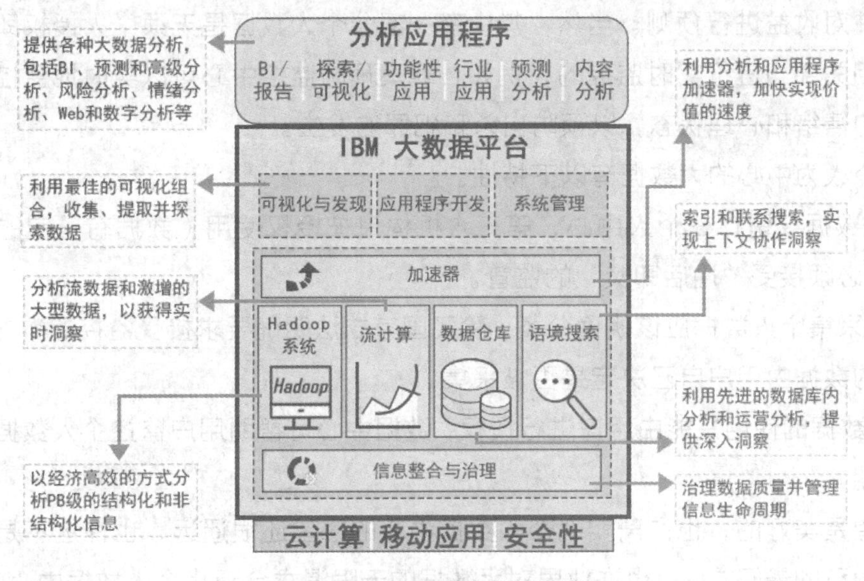

图 1-3 IBM 的大数据平台

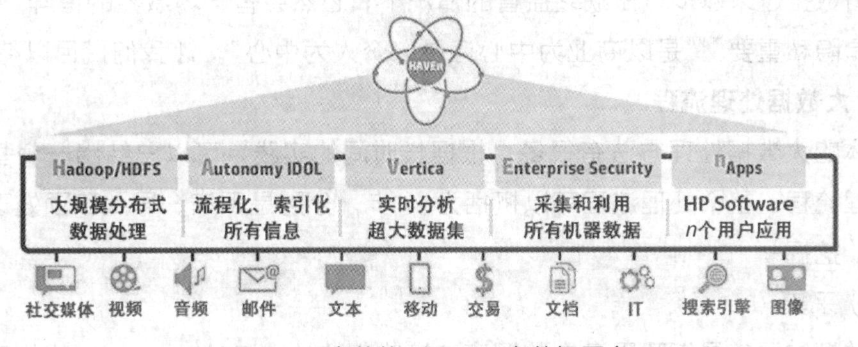

图 1-4 惠普的 HAVEn 大数据平台

④ 个人大数据。个人大数据的概念很少有人提及，简单来说，就是与个人相关联的各种有价值的数据信息被有效采集后，可由本人授权提供给第三方进行处理和使用，并获得第三方提供的数据服务。

未来，每个用户都可以在互联网中注册个人的数据中心，以存储个人的大数据信息。用户可确定哪些个人数据可被采集，并通过可穿戴设备或植入芯片等感知技术来采集、捕获个人的大数据，如牙齿监测数据、心率数据、体温数据、视力数据、记忆能力、地理位置信息、社会关系数据、运动数据、饮食数据、购物数据等。用户可以将其中的牙齿监测数据授权给某牙科诊所使用，由其监测和使用这些数据，进而为用户制定有效的牙齿防治和维护计划；也可以将个人的运动数据授权提供给某运动健身机构，由其监测自己的身体运动机能，并有针对地制订和调整个人的运动计划；还可以将个人的消费数据授权给金融理财机构，由其帮用户制订合理的理财计划并对收益进行预测。当然，其中有一部分个人数据是无须个人授权即可提供给国家相关部门进行实时监控的，例如，罪案预防监控中心可以实时地监控本地区每个人的情绪和心理状态，以预防自杀和犯罪的发生。

以个人为中心的大数据有以下特性。

a．数据仅留存在个人中心，第三方机构只被授权使用（数据有一定的使用期限），且必须接受“用后即焚”的监管。

b．采集个人数据应该明确分类，除了国家立法明确要求接受监控的数据外，其他类型的数据由用户自己决定是否被采集。

c．数据的使用只能由用户进行授权，数据中心可帮助用户监控个人数据的整个生命周期。

展望是美好的，也许离实现个人数据中心的愿望还很遥远，也许这不是保护个人数据隐私的最好方法，也许业界对大数据的无限渴求会阻止个人数据中心的实现，但是随着数据越来越多，在缺乏监管的情况下，必然会有一场激烈的博弈，“是数据重要还是隐私重要”“是以商业为中心还是以个人为中心”，让我们拭目以待。

2．大数据处理流程

具体的大数据处理方法有很多，根据长时间的实践，可以总结出一个基本的大数据处理流程。整个处理流程可以概括为 4 步，分别是采集、导入和预处理、统计与分析、挖掘。

（1）采集

大数据的采集是指利用多个数据库来接收客户端（如 Web、App 或传感器形式等）的数据，并且用户可以通过这些数据库来进行简单的查询和处理工作。例如，电商会使用传统的关系型数据库（如 MySQL 和 Oracle 等）存储每一笔业务数据，除此之外，Key-Value 型数据库（如 Redis）、文档型数据库（如 MonogoDB）、图形数据库（如 Neo4j）等 NoSQL 数据库也常用于数据的采集。

在大数据的采集过程中，其主要特点和挑战是并发数高，因为同时有可能有成千上万的用户在进行访问和操作。例如，火车票售票网站 12306 和购物网站淘宝，它们并发的访问量在峰值时达到上百万，所以需要在采集端部署大量数据库才能支撑，并且如何在这些数据库之间进行负载均衡和分片的确是需要深入思考和设计的。

（2）导入和预处理

虽然采集端本身会有很多数据库，但是如果要对这些海量数据进行有效的分析，还是应该将这些来自前端的数据导入到一个集中的大型分布式数据库或分布式存储集群中，并且可以在导入基础上做一些简单的清洗和预处理工作。有一些用户会在导入时使用来自 Twitter、LinkedIn 等公司相继开源的流式计算系统 Storm、分布式发布订阅消息系统 Kafka 等对数据进行流式计算，来满足部分业务的实时计算需求。

导入与预处理过程的特点和挑战主要是导入的数据量大，每秒的导入量经常会达到百兆，甚至吉比特级别。

（3）统计与分析

统计与分析主要利用分布式数据库，或者分布式计算集群来对存储于其内的海量数据进行普通的分析和分类汇总等，以满足大多数常见的分析需求。在这方面，一些实时性需求会用到易安信（EMC，一家美国信息存储资讯科技公司）的分布式数据库 Greenplum、Oracle 的新一代数据库云服务器 Exadata 以及基于 MySQL 的列式存储 Infobright 等，而一些批处理或者基于半结构化数据的需求可以使用 Hadoop。

统计与分析的主要特点和挑战是分析涉及的数据量大，其对系统资源，特别是 I/O 会有极大的占用。

（4）挖掘

和统计与分析过程不同的是，数据挖掘一般没有预先设定好的主题，主要是在现有数据上面进行基于各种算法的计算，从而起到预测（Predict）的效果，以实现一些高级别数据分析的需求。比较典型的算法有用于聚类的 K-Means、用于统计学习的 SVM 和用于分类的朴素贝叶斯，使用的工具主要为 Hadoop 的 Mahout 等。

挖掘过程的特点和挑战主要是用于挖掘的算法很复杂，计算涉及的数据量和计算量都很大，以及常用数据挖掘算法以单线程为主。

数据来自各个方面，在面对庞大而复杂的大数据时，选择一个合适的处理工具就显得很有必要，工欲善其事，必先利其器，一个好的大数据分析工具不仅可以使工作事半功倍，还可以让人们在竞争日益激烈的云计算时代，挖掘大数据价值，及时调整战略方向。

3. 大数据分析工具

（1）Hadoop

Hadoop 是一个能够对大量数据进行分布式处理的软件框架，其以一种可靠、高效、可伸缩的方式进行数据处理。Hadoop 2.0 的架构如图 1-5 所示。

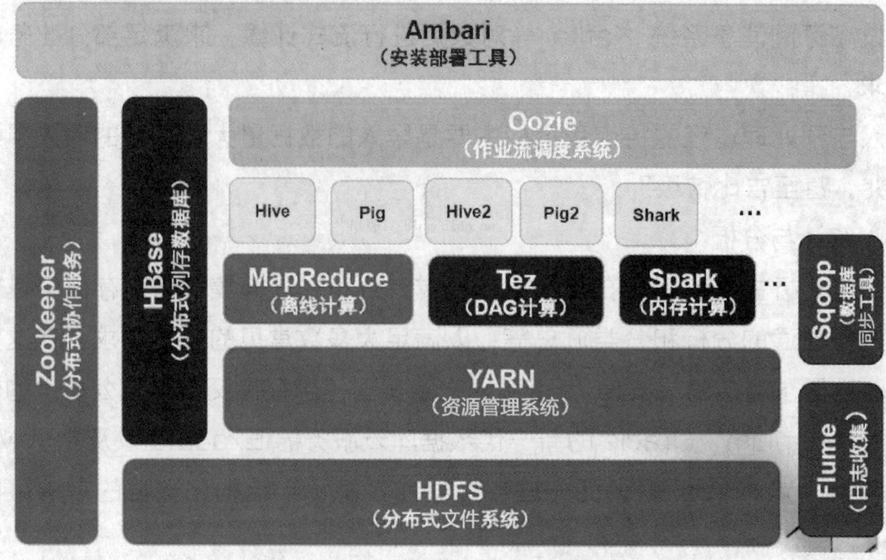

图 1-5 Hadoop 2.0 的架构

① ZooKeeper(分布式协作服务):ZooKeeper 用于解决分布式环境下的数据管理问题,主要是统一命名、同步状态、管理集群、同步配置等。

② HDFS(分布式文件系统):Hadoop 的 HDFS 是 Hadoop 体系中数据存储管理的基础。它是一个高度容错的系统,能检测和应对硬件故障,用于在低成本的通用硬件上运行。HDFS 简化了文件的一致性模型,通过流式数据访问,提供高吞吐量应用程序数据访问功能,适用于带有大型数据集的应用程序。

③ Flume(日志收集工具):Flume 是 Cloudera 开源的日志收集系统,具有分布式、高可靠、高容错、易于定制和扩展的特点。它将数据从产生、传输、处理并最终写入目标路径的过程抽象为数据流,在具体的数据流中,数据源支持在 Flume 中定制数据发送方,从而支持收集不同协议数据。同时,Flume 数据流提供对日志数据进行简单处理的能力,如过滤、格式转换等。此外,Flume 具有将日志写入各种数据目标的可定制能力。因此,Flume 是一个可扩展、适用于复杂环境的海量日志收集系统。

④ YARN(资源管理系统):YARN 是一种新的 Hadoop 资源管理器,它是一个通用资源管理系统,可为上层应用提供统一的资源管理和调度,它的引入为集群在利用率、资源统一管理和数据共享等方面带来了巨大好处。

⑤ MapReduce(离线计算):MapReduce 是一种计算模型,用于进行大数据量的计算。其中,Map 对数据集上的独立元素进行指定的操作,生成“键值对”

形式的中间结果；Reduce 则对中间结果中相同“键”的所有“值”进行规约，以得到最终结果。MapReduce 的功能划分非常适合在大量计算机组成的分布式并行环境中进行数据处理。

⑥ Spark（大数据处理通用引擎）：Spark 提供了分布式的内存抽象，其最大的特点就是快，是 Hadoop MapReduce 处理速度的 100 倍。此外，Spark 提供了简单易用的 API，用几行代码就能实现 WordCount。

⑦ Sqoop（数据同步工具）：Sqoop 是 SQL-to-Hadoop 的缩写，主要用于在传统数据库和 Hadoop 之间传输数据。数据的导入和导出利用了 MapReduce 程序，充分利用了 MapReduce 的并行化和容错性。

⑧ Hive（基于 Hadoop 的数据仓库）：Hive 定义了一种类似 SQL 的查询语言，将 SQL 转换为 MapReduce 任务在 Hadoop 上执行。其通常用于离线分析。

⑨ Pig（基于 Hadoop 的数据流系统）：Pig 的设计动机是提供一种基于 MapReduce 的 Ad-Hoc（计算在 query 时发生）数据分析工具。人们定义了一种数据流语言 Pig Latin，其可以将脚本转换为 MapReduce 任务在 Hadoop 上执行。Pig 通常用于进行离线分析。

⑩ Oozie（作业流调度系统）：Oozie 是一个基于工作流引擎的服务器，可以运行 Hadoop 的 MapReduce 和 Pig 任务。它其实就是一个运行在 Java Servlet 容器（如 Tomcat）中的 Java Web 应用。

⑪ HBase（分布式列存数据库）：HBase 是一个针对结构化数据的可伸缩、高可靠、高性能、分布式和面向列的动态模式数据库。和传统关系型数据库不同，HBase 采用了 BigTable 的数据模型——增强的稀疏排序映射表（Key/Value），其中键（Key）由行关键字、列关键字和时间戳构成。HBase 提供了对大规模数据的随机、实时读写访问，同时，HBase 中保存的数据可以使用 MapReduce 来处理，它将数据存储和并行计算完美地结合在一起。

⑫ Kafka（高吞吐量的分布式发布订阅消息系统）：Kafka 可以处理消费者规模的网站中的所有动作流数据。动作包含网页浏览、搜索等，是现代网络中许多社会功能的一个关键因素；数据由于吞吐量的要求，通常是通过处理日志和日志聚合来解决的。而对于像 Hadoop 一样的日志数据和离线分析系统数据，由于存在实时处理的要求限制，因此采用 Kafka 就成为了一种可行的方法。Kafka 的目的是通过 Hadoop 的并行加载机制来统一线上和离线的消息处理。

Hadoop 是一个能够让用户轻松构建和使用的分布式计算平台。用户可以轻松地在 Hadoop 上开发和运行处理海量数据的应用程序。它主要有以下几个优点。

a．高可靠性，Hadoop 按位存储和处理数据的能力值得信赖。

b．高扩展性，Hadoop 是在可用的计算机集群间分配数据并完成计算任务的，这些集群可以方便地扩展到数以千计的节点中。

c．高效性，Hadoop 能够在节点之间动态地移动数据，并保证各个节点的动态平衡，其以并行的方式工作，因此处理速度非常快。

d．高容错性，Hadoop 能够自动保存数据的多个副本，并且能够自动对失败的任务进行重新分配。

e．平台与语言选择灵活，Hadoop 带有使用 Java 语言编写的框架，因此运行在 Linux 平台上是非常理想的。Hadoop 上的应用程序也可以使用其他语言编写，如 C++。

（2）Apache Spark

Apache Spark 是专为大规模数据处理而设计的快速通用的计算引擎。Spark 是由加州大学伯克利分校的 AMP 实验室所开源的类 Hadoop MapReduce 的通用并行框架，如图 1-6 所示。

图 1-6　Apache Spark 框架

Spark 是在 Scala 语言中实现的，它将 Scala 用作其应用程序框架。Spark 与 Hadoop 不同，能够和 Scala 紧密集成，其中的 Scala 可以像操作本地集合对象一样轻松地操作分布式数据集。

尽管创建 Spark 是为了支持分布式数据集上的迭代作业，但是实际上它是对 Hadoop 的补充，可以在 Hadoop 文件系统中并行运行。通过名称为 Mesos 的第三方集群框架可以支持此行为。Spark 具有以下特点。

① 高性能，在内存计算时，Spark 的运算速度是 MapReduce 的 100 倍。

② 易用，Spark 提供了 80 多个高级运算符。

③ 通用，Spark 提供了大量的库，包括 SQL、DataFrames、MLlib、GraphX、Spark Streaming，开发者可以在同一个应用程序中无缝组合使用这些库。

Spark 的组成如下。

① Spark Core，其包含 Spark 的基本功能，尤其是定义弹性分布式数据集

（Resilient Distributed Database，RDD）的 API、操作及其两者的动作。其他 Spark 的库都是构建在 RDD 和 Spark Core 之上的。

② Spark SQL，其提供通过 Hive 查询语言（HiveQL）与 Spark 进行交互的 API。每个数据库表都被当作一个 RDD，Spark SQL 查询被转换为 Spark 操作。

③ Spark Streaming，其对实时数据流进行处理和控制。Spark Streaming 允许程序像普通 RDD 一样处理实时数据。

④ MLlib，它是一个常用机器学习算法库，算法被实现为对 RDD 的 Spark 操作。MLlib 包含可扩展的学习算法，如分类、回归等需要对大量数据集进行迭代的操作。

⑤ GraphX，它是控制图、并行图操作和计算的一组算法和工具的集合。GraphX 扩展了 RDD API，包含控制图、创建子图、访问路径上所有顶点的操作。

（3）Apache Storm

Storm 由 Twitter 开源，是一个分布式的、容错的实时计算系统，支持多种编程语言。Storm 可以非常可靠地处理庞大的数据流，用于处理 Hadoop 的批量数据。其框架如图 1-7 所示。

图 1-7　Apache Storm 框架

Storm 有许多应用领域，如实时分析、在线机器学习、流式计算、分布式远程过程调用（Remote Procedure Call，RPC，一种通过网络从远程计算机程序上请求服务的协议）、数据抽取、转换和加载等。Storm 的处理速度惊人，有数据表明，每个节点每秒可以处理 100 万个数据元组。

任务实施

（1）安装 Ubuntu 系统

① 在虚拟机中使用 Ubuntu 镜像文件安装 Ubuntu 系统，如图 1-8 所示。

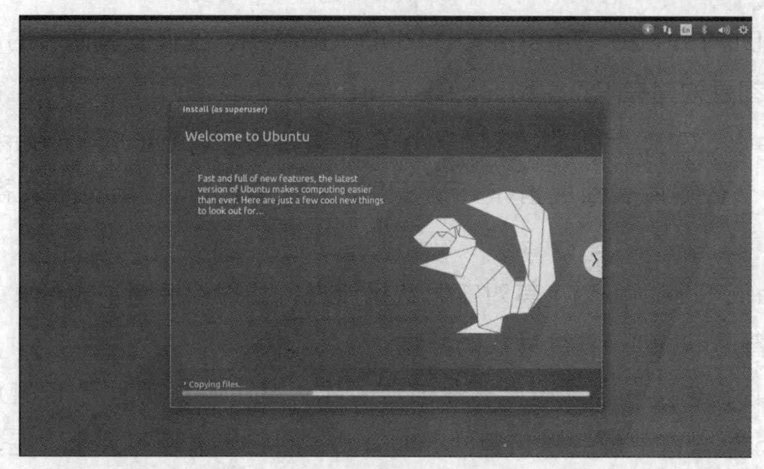

图 1-8 在虚拟机中安装 Ubuntu 系统

② 在用户登录界面中，输入设置的账号、密码，如图 1-9 所示，进入 Ubuntu 系统。

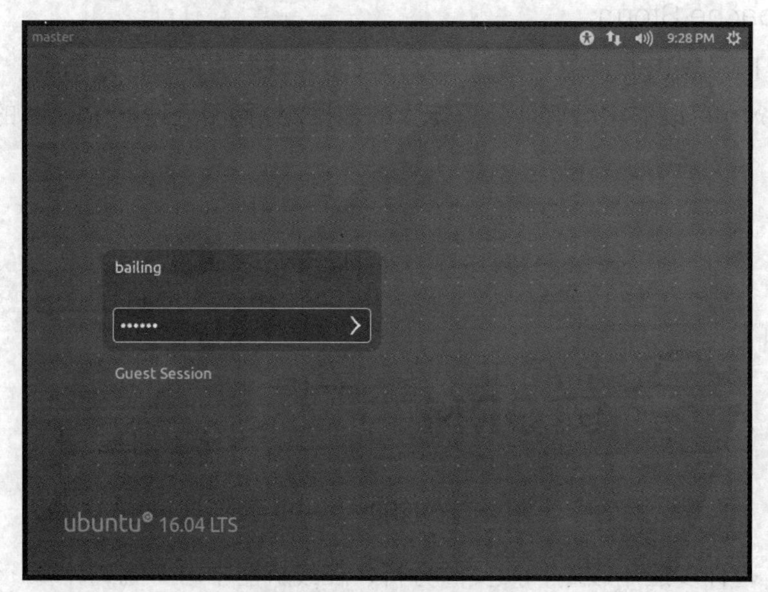

图 1-9 用户登录界面

（2）Ubuntu 中常用命令的使用

① 常用文件和目录操作命令有“cd”“ls”“ll”“mkdir”“rm”“cp”“touch”“pwd”“mv”“vi”等。

命令“cd”用于切换当前工作目录，如图 1-10 所示。

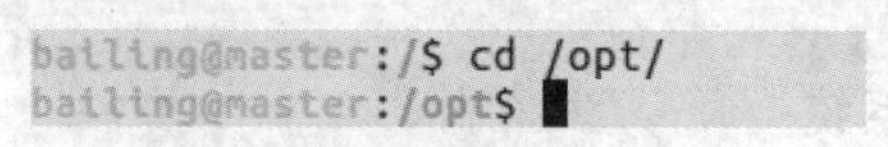

```
bailing@master:/$ cd /opt/
bailing@master:/opt$
```

图 1-10 切换当前工作目录

命令“ls”用于显示指定工作目录中的内容（列出当前工作目录所含的文件及子目录），如图 1-11 所示。

```
bailing@master:/opt$ ls
eclipse                 idea-IU-182.4892.20   ProjectTest.jar        td-agent
eclipse-installer       iris.data             result_bigdata.txt     temperature.txt
flume                   jdk1.8.0_171          scala-2.10.3           u.data
hadoop-2.7.1            kafka_2.10-0.10.1.0   scala-2.10.3.tar.gz    workspaces
hadoop-master.tar.gz    MLdata.txt            spark-2.3.2
hive                    pig                   student.txt
bailing@master:/opt$
```

图 1-11　显示指定工作目录中的内容

命令“ll”用于显示指定工作目录中的内容（列出当前工作目录所含的文件及子目录，包含隐藏目录），如图 1-12 所示。

```
bailing@master:/opt$ ll
total 238148
drwxr-xr-x 15 root    root         4096 Dec  4 03:35 ./
drwxr-xr-x 28 root    root         4096 Dec  8 04:12 ../
drwxrwxr-x  8 root    root         4096 Sep 29  2017 eclipse/
drwxrwsr-x  7   10251    8889      4096 Sep 11 12:07 eclipse-installer/
drwxrwxrwx  7 bailing bailing      4096 Jul 31 22:33 flume/
drwxrwxrwx 12 bailing bailing      4096 Oct 29 18:37 hadoop-2.7.1/
-rw-r--r--  1 root    root    211276164 Oct 16 23:42 hadoop-master.tar.gz
drwxr-xr-x 10 bailing bailing      4096 Aug 24 08:24 hive/
drwxr-xr-x  9 root    root         4096 Oct 25 03:31 idea-IU-182.4892.20/
-rw-r--r--  1 root    root         4552 Nov  8 03:10 iris.data
drwxr-xr-x  8 uucp         143     4096 Mar 28  2018 jdk1.8.0_171/
drwxr-xr-x  6 bailing bailing      4096 Oct 14  2016 kafka_2.10-0.10.1.0/
-rw-r--r--  1 root    root          108 Nov 20 23:12 MLdata.txt
```

图 1-12　显示指定工作目录中的内容（包含隐藏目录）

命令“mkdir”用于建立目录的子目录，如图 1-13 所示。

```
bailing@master:/opt$ mkdir files
mkdir: cannot create directory ‘files’: Permission denied
bailing@master:/opt$ sudo mkdir files
[sudo] password for bailing:
bailing@master:/opt$ ls
eclipse                 hive                  pig                    student.txt
eclipse-installer       idea-IU-182.4892.20   ProjectTest.jar        td-agent
files                   iris.data             result_bigdata.txt     temperature.txt
flume                   jdk1.8.0_171          scala-2.10.3           u.data
hadoop-2.7.1            kafka_2.10-0.10.1.0   scala-2.10.3.tar.gz    workspaces
hadoop-master.tar.gz    MLdata.txt            spark-2.3.2
bailing@master:/opt$
```

图 1-13　建立目录的子目录

命令“rm”用于删除一个文件或目录，如图 1-14 所示。

```
bailing@master:/opt$ sudo rm file.txt
bailing@master:/opt$ ls
eclipse                 idea-IU-182.4892.20   ProjectTest.jar        td-agent
eclipse-installer       iris.data             result_bigdata.txt     temperature.txt
flume                   jdk1.8.0_171          scala-2.10.3           u.data
hadoop-2.7.1            kafka_2.10-0.10.1.0   scala-2.10.3.tar.gz    workspaces
hadoop-master.tar.gz    MLdata.txt            spark-2.3.2
hive                    pig                   student.txt
bailing@master:/opt$
```

图 1-14　删除一个文件或目录

命令“rm -r”用于删除一个文件或目录（可以包含多个子文件），如图 1-15 所示。

```
bailing@master:/opt$ sudo rm -r files/
bailing@master:/opt$ ls
eclipse                idea-IU-182.4892.20     ProjectTest.jar         td-agent
eclipse-installer      iris.data               result_bigdata.txt      temperature.txt
flume                  jdk1.8.0_171            scala-2.10.3            u.data
hadoop-2.7.1           kafka_2.10-0.10.1.0     scala-2.10.3.tar.gz     workspaces
hadoop-master.tar.gz   MLdata.txt              spark-2.3.2
hive                   pig                     student.txt
bailing@master:/opt$ 
```

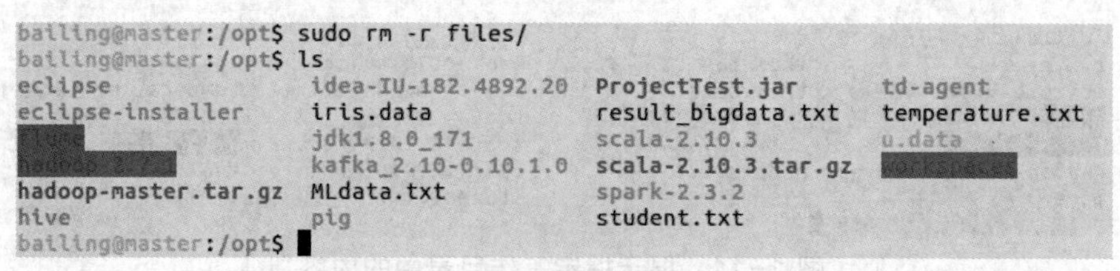

图 1-15　删除一个文件或目录（可以包含多个子文件）

命令“cp”用于复制文件或目录，如图 1-16 所示。

```
bailing@master:/opt$ sudo cp student.txt ThreSecondStudent.txt
bailing@master:/opt$ ls
eclipse                jdk1.8.0_171            spark-2.3.2
eclipse-installer      kafka_2.10-0.10.1.0     student.txt
flume                  MLdata.txt              td-agent
hadoop-2.7.1           pig                     temperature.txt
hadoop-master.tar.gz   ProjectTest.jar         ThreSecondStudent.txt
hive                   result_bigdata.txt      u.data
idea-IU-182.4892.20    scala-2.10.3            workspaces
iris.data              scala-2.10.3.tar.gz
bailing@master:/opt$
```

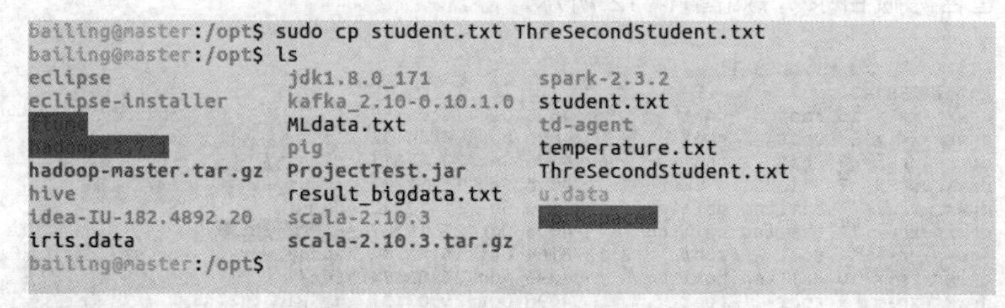

图 1-16　复制文件或目录

命令“touch”用于建立一个新的文件，如图 1-17 所示。

```
bailing@master:/opt$ sudo touch file.txt
bailing@master:/opt$ ls
eclipse                hive                    pig                     student.txt
eclipse-installer      idea-IU-182.4892.20     ProjectTest.jar         td-agent
file.txt               iris.data               result_bigdata.txt      temperature.txt
flume                  jdk1.8.0_171            scala-2.10.3            u.data
hadoop-2.7.1           kafka_2.10-0.10.1.0     scala-2.10.3.tar.gz     workspaces
hadoop-master.tar.gz   MLdata.txt              spark-2.3.2
bailing@master:/opt$ 
```

图 1-17　建立一个新文件

命令“pwd”用于显示当前工作路径，如图 1-18 所示。

```
bailing@master:/opt$ pwd
/opt
bailing@master:/opt$ 
```

图 1-18　显示当前工作路径

命令“mv”用于为文件或目录改名，如图 1-19 所示，或将文件或目录移至其他位置。

命令“vi”用于使用 vi 编辑器打开指定文件（vi 编辑器中常用参数有 i、I、A、?、:q、:wq、:q!）。

- 参数“i”用于从光标当前位置进入编辑状态。

```
bailing@master:/opt$ sudo mv ThreSecondStudent.txt TheFirstStudent.txt
bailing@master:/opt$ ls
eclipse                 jdk1.8.0_171             spark-2.3.2
eclipse-installer       kafka_2.10-0.10.1.0      student.txt
flume                   MLdata.txt               td-agent
hadoop-2.7.4            pig                      temperature.txt
hadoop-master.tar.gz    ProjectTest.jar          TheFirstStudent.txt
hive                    result_bigdata.txt       u.data
idea-IU-182.4892.20     scala-2.10.3             workspaces
iris.data               scala-2.10.3.tar.gz
bailing@master:/opt$
```

图 1-19　为文件改名

- 参数“I”用于从光标当前所在行最前位置进入编辑状态。
- 参数“A”用于从光标当前所在行最后位置进入编辑状态。
- 参数“?”用于查找指定内容所在位置，找到后按 N 表示向下查找，按 n 表示向上查找。
- 参数“:q”用于在没有任何修改操作的情况下退出 vi 编辑器。
- 参数“:q!”用于强行退出 vi 编辑器。
- 参数“:wq”用于在进行编辑后保存并退出 vi 编辑器，如图 1-20 所示。

```
54993,2016-11-2,2018-11-14,man,30
64993,2006-01-2,2008-10-24,man,31
24993,2006-12-2,2028-09-04,man,32
44993,2008-01-2,2038-08-21,man,33
14993,2010-11-2,2001-07-25,man,34
74993,2009-11-5,2004-06-26,man,35
~
```

图 1-20　编辑后保存并退出 vi 编辑器

② 常用文件权限修改命令有“sudo”“chmod”“chown”等。

命令“sudo”用于以系统管理员的身份执行指令，如图 1-21 所示。

```
bailing@master:/opt$ mkdir student
mkdir: cannot create directory 'student': Permission denied
bailing@master:/opt$ sudo mkdir student
bailing@master:/opt$
```

图 1-21　以系统管理员的身份执行指令

命令“chmod”用于更改指定文件或目录拥有的权限，如将 student 目录更改为 777 权限，如图 1-22 所示。

命令“chown”用于更改指定文件或目录的用户拥有者，例如，将 student 目录拥有者和拥有组从 root 更改为 bailing，如图 1-23 所示。

③ 常用压缩与下载命令有“tar”“apt-get install”等。

命令“tar”用于解压 tar.gz 类型的压缩文件，如图 1-24 所示。

```
bailing@master:/opt$ sudo chmod 777 student/
bailing@master:/opt$ 
```

```
bailing@master:/opt$ ll
total 238156
drwxr-xr-x 16 root    root        4096 Dec 17 22:26 ./
drwxr-xr-x 28 root    root        4096 Dec  8 04:12 ../
drwxrwxr-x  8 root    root        4096 Sep 29  2017 eclipse/
drwxrwsr-x  7   10251    8889     4096 Sep 11 12:07 eclipse-installer/
drwxrwxrwx  7 bailing bailing     4096 Jul 31 22:33 flume/
drwxrwxrwx 12 bailing bailing     4096 Oct 29 18:37 hadoop-2.7.3/
-rw-r--r--  1 root    root   211276164 Oct 16 23:42 hadoop-master.tar.gz
drwxr-xr-x 10 bailing bailing     4096 Aug 24 08:24 hive/
drwxr-xr-x  9 root    root        4096 Oct 25 03:31 idea-IU-182.4892.20/
-rw-r--r--  1 root    root        4552 Nov  8 03:10 iris.data
drwxr-xr-x  8 uucp         143    4096 Mar 28  2018 jdk1.8.0_171/
drwxr-xr-x  6 bailing bailing     4096 Oct 14  2016 kafka_2.10-0.10.1.0/
-rw-r--r--  1 root    root         108 Nov 20 23:12 MLdata.txt
drwxr-xr-x 17 bailing bailing     4096 Jul 27 23:32 pig/
-rw-------  1 root    root        3669 Nov 29 03:21 ProjectTest.jar
-rw-r--r--  1 root    root         243 Oct 24 23:24 result_bigdata.txt
drwxrwxr-x  9    2000     2000    4096 Sep 27  2013 scala-2.10.3/
-rw-r--r--  1 root    root    30503527 Nov 21 03:33 scala-2.10.3.tar.gz
drwxrwxr-x 14 bailing bailing     4096 Nov 27 04:46 spark-2.3.2/
drwxrwxrwx  2 root    root        4096 Dec 17 22:26 student/
-rw-r--r--  1 root    root         204 Oct 25 00:03 student.txt
```

图 1-22　更改指定文件或目录拥有的权限

```
bailing@master:/opt$ sudo chown -R bailing:bailing student/
bailing@master:/opt$ ll
total 238156
drwxr-xr-x 16 root    root        4096 Dec 17 22:26 ./
drwxr-xr-x 28 root    root        4096 Dec  8 04:12 ../
drwxrwxr-x  8 root    root        4096 Sep 29  2017 eclipse/
drwxrwsr-x  7   10251    8889     4096 Sep 11 12:07 eclipse-installer/
drwxrwxrwx  7 bailing bailing     4096 Jul 31 22:33 flume/
drwxrwxrwx 12 bailing bailing     4096 Oct 29 18:37 hadoop-2.7.3/
-rw-r--r--  1 root    root   211276164 Oct 16 23:42 hadoop-master.tar.gz
drwxr-xr-x 10 bailing bailing     4096 Aug 24 08:24 hive/
drwxr-xr-x  9 root    root        4096 Oct 25 03:31 idea-IU-182.4892.20/
-rw-r--r--  1 root    root        4552 Nov  8 03:10 iris.data
drwxr-xr-x  8 uucp         143    4096 Mar 28  2018 jdk1.8.0_171/
drwxr-xr-x  6 bailing bailing     4096 Oct 14  2016 kafka_2.10-0.10.1.0/
-rw-r--r--  1 root    root         108 Nov 20 23:12 MLdata.txt
drwxr-xr-x 17 bailing bailing     4096 Jul 27 23:32 pig/
-rw-------  1 root    root        3669 Nov 29 03:21 ProjectTest.jar
-rw-r--r--  1 root    root         243 Oct 24 23:24 result_bigdata.txt
drwxrwxr-x  9    2000     2000    4096 Sep 27  2013 scala-2.10.3/
-rw-r--r--  1 root    root    30503527 Nov 21 03:33 scala-2.10.3.tar.gz
drwxrwxr-x 14 bailing bailing     4096 Nov 27 04:46 spark-2.3.2/
drwxrwxrwx  2 bailing bailing     4096 Dec 17 22:26 student/
```

图 1-23　更改指定文件或目录的用户拥有者

```
bailing@master:~/Downloads$ sudo tar -zxf mysql-connector-java-5.1.40.tar.gz -C
/opt/
bailing@master:~/Downloads$ cd /opt/
```

```
bailing@master:/opt$ ls
eclipse               kafka_2.10-0.10.1.0           student
eclipse-installer     MLdata.txt                    student.txt
flume                 mysql-connector-java-5.1.40   td-agent
hadoop-2.7.3          pig                           temperature.txt
hadoop-master.tar.gz  ProjectTest.jar               TheFirstStudent.txt
hive                  result_bigdata.txt            u.data
idea-IU-182.4892.20   scala-2.10.3                  workspace
iris.data             scala-2.10.3.tar.gz
jdk1.8.0_171          spark-2.3.2
bailing@master:/opt$ 
```

图 1-24　解压文件

命令“apt-get install”用于自动从网上下载相应软件包，如图 1-25 所示。

```
bailing@master:/opt$ sudo apt-get install vim
Reading package lists... Done
Building dependency tree
Reading state information... Done
```

图 1-25　自动从网上下载相应软件包

任务 1.2　Hadoop 环境搭建

任务描述

（1）借助学习论坛、网络视频等网络资源和各种图书资源，学习大数据导论等相关知识，熟悉 Hadoop 的 3 种运行模式的安装与配置的异同。

（2）Hadoop 环境搭建。

任务目标

（1）学会 Hadoop 单机模式的安装与配置。

（2）学会 Hadoop 伪分布式模式的安装与配置。

（3）学会 Hadoop 集群模式的安装与配置。

知识准备

Hadoop 搭建分为 3 种运行模式，分别为单机模式搭建、伪分布式模式搭建和集群模式搭建。

单机模式即 Hadoop 运行在一台单机上，没有分布式文件系统，而是直接读写本地操作系统的文件系统。Hadoop 在单机模式下不会启动 NameNode、DataNode、JobTracker、TaskTracker 等守护进程，所有程序都运行在一个 JVM 中。Map 和 Reduce 任务作为同一个进程的不同部分来执行。该模式主要用于对 MapReduce 程序的逻辑进行调试，以确保程序正确。

伪分布式模式是在单机上模拟 Hadoop 分布式，单机上的分布式并不是真正的分布式，而是使用 Java 进程模拟分布式运行中的各类节点，包括 NameNode、DataNode、SecondaryNameNode、JobTracker、TaskTracker。其中，前 3 个节点是从分布式存储的角度来说的，集群节点由一个 NameNode 和若干个 DataNode 组成，另有一个 SecondaryNameNode 作为 NameNode 的备份；后

2 个节点是从分布式应用的角度来说的，集群节点由一个 JobTracker 和若干个 TaskTracker 组成，JobTracker 负责任务的调度，TaskTracker 负责并行任务执行。TaskTracker 必须运行在 DataNode 上，这样便于数据的本地化计算，而 JobTracker 和 NameNode 则无须运行在同一台机器上。Hadoop 本身是无法区分伪分布式和分布式的，这两种配置也很相似，唯一不同的是，伪分布式是在单机上配置的，DataNode 和 NameNode 均是同一台机器。

集群模式即 Hadoop 守护进程运行在一个集群上，即使用分布式 Hadoop 时，要先启动一些准备程序进程，才能使用 start-dfs.sh、start-yarn.sh。而本地模式不需要启动这些守护进程。

3 种模式下组件配置的区别如表 1-1 所示。

表 1-1　3 种模式下组件配置的区别

组件名称	属性名称	单机模式	伪分布式模式	集群模式
Common	fs.defaultFS	file:///（默认）	Localhost:9000	Master:9000
HDFS	dfs.replication	N/A	1	3（默认）
MapReduce	mapreduce.framework.name	Local（默认）	YARN	YARN
YARN	yarn.resourcemanager.hostname	N/A	Localhost	Localhost
	yarn.nodemanager.aux_service	N/A	mapreduce_shuffle	mapreduce_shuffle

任务实施

1. 单机模式的安装与配置

（1）安装 JDK

右键单击 Ubuntu 桌面，在弹出的快捷菜单中选择“open in Terminal”命令，打开终端，切换路径到安装包所在路径，本书中安装包在 Downloads 目录中，进入安装包所在文件夹，并通过“ls”命令查看文件夹中的所有文件，如图 1-26 所示。

```
hadoop@ubuntu:~/Downloads$ ls
apache-hive-1.2.2-bin.tar.gz  mysql-connector-java-5.0.8
hadoop-2.7.6.tar.gz           mysql-connector-java-5.0.8.tar.gz
jdk-8u172-linux-x64.tar.gz
```

图 1-26　查看文件夹中的所有文件

Hadoop 是使用 Java 编写的，所以需要安装 Java 环境。在 Downloads 目录中执行命令“sudo tar -zxvf jdk-8u171-linux-x64.tar.gz -C /usr/local”，解压Java的压缩包，如图1-27所示。

```
hadoop@ubuntu:~/Downloads$ sudo tar -zxvf jdk-8u172-linux-x64.tar.gz -C /usr/loc
al
```

图1-27　解压Java的压缩包

解压之后，需要配置环境变量，执行命令“sudo vim～/.bashrc”，修改配置文件，如图1-28所示。

```
export JAVA_HOME=/usr/local/jdk/java
PATH=$PATH:$JAVA_HOME/bin
```

图1-28　修改配置文件（1）

要使新配置的环境变量生效，需要执行命令“source～/.bashrc”，如图1-29所示。

```
hadoop@ubuntu:~/Downloads$ source ~/.bashrc
```

图1-29　使新配置的环境变量生效（1）

（2）安装Hadoop-2.7.6

首先，在Downloads目录中执行命令“sudo tar -zxvf hadoop-2.7.6.tar.gz -C /usr/local”，对Hadoop进行解压，如图1-30所示。

```
hadoop@ubuntu:~/Downloads$ sudo tar -zxvf hadoop-2.7.6.tar.gz -C /usr/local
```

图1-30　对Hadoop进行解压

其次，解压之后，需要配置环境变量，执行命令“sudo vim～/.bashrc”，修改配置文件，如图1-31所示。

```
export HADOOP_HOME=/usr/local/hadoop
PATH=$PATH:$JAVA_HOME/bin:$HADOOP_HOME/bin:$HADOOP_HOME/sbin:
```

图1-31　修改配置文件（2）

最后，要使新配置的环境变量生效，需要执行命令“source～/.bashrc”，如图1-32所示。

```
hadoop@ubuntu:~/Downloads$ source ~/.bashrc
```

图1-32　使新配置的环境变量生效（2）

（3）配置Hadoop

执行切换路径命令“cd /usr/local/hadoop/etc/hadoop”，再执行命令“vim hadoop-env.sh”，如图1-33所示。

```
hadoop@ubuntu:/usr/local/hadoop/etc/hadoop$ vim hadoop-env.sh
```

图 1-33　执行命令“vim hadoop-env.sh”

此时，vi 编辑器处于“命令”模式，在英文输入状态下，按“i”键切换 vi 编辑器为“插入”模式，找到“#export JAVA_HOME=/usr/local/java”，将注释符号“#”去掉，并配置 JDK 路径，即配置 Hadoop 环境变量，如图 1-34 所示。

```
hadoop@ubuntu: /usr/local/hadoop/etc/hadoop
# "License"); you may not use this file except in compliance
# with the License.  You may obtain a copy of the License at
#
#     http://www.apache.org/licenses/LICENSE-2.0
#
# Unless required by applicable law or agreed to in writing, software
# distributed under the License is distributed on an "AS IS" BASIS,
# WITHOUT WARRANTIES OR CONDITIONS OF ANY KIND, either express or implied.
# See the License for the specific language governing permissions and
# limitations under the License.

# Set Hadoop-specific environment variables here.

# The only required environment variable is JAVA_HOME.  All others are
# optional.  When running a distributed configuration it is best to
# set JAVA_HOME in this file, so that it is correctly defined on
# remote nodes.

# The java implementation to use.
export JAVA_HOME=/usr/local/java

# The jsvc implementation to use. Jsvc is required to run secure datanodes
# that bind to privileged ports to provide authentication of data transfer
                                                   28,1          6%
```

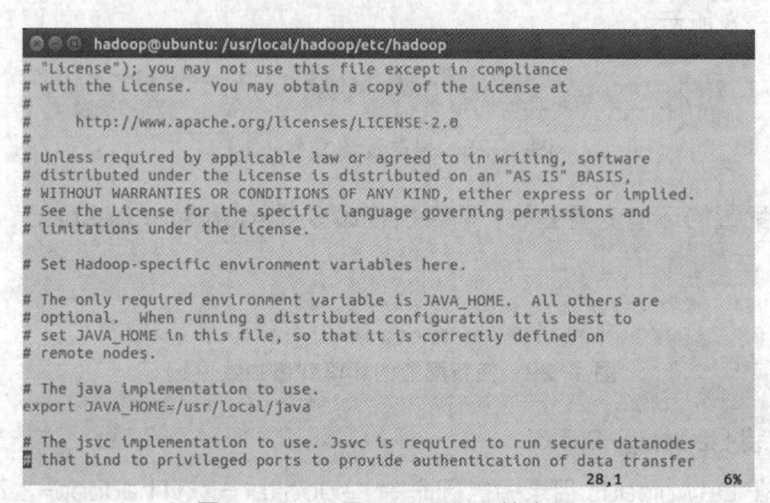

图 1-34　配置 Hadoop 环境变量

（4）安装 SSH，并配置 SSH 免密登录

SSH 为 Secure Shell 的缩写，由 IETF 的网络小组所制定。SSH 为建立在应用层基础上的安全协议，专为远程登录会话和其他网络服务提供安全性的协议。利用 SSH 协议可以有效地防止远程管理过程中的信息泄露问题。

执行命令“sudo apt-get install ssh”，安装 SSH，如图 1-35 所示。

```
hadoop@ubuntu:/usr/local/hadoop/etc/hadoop$ sudo apt-get install ssh
```

图 1-35　安装 SSH

安装后，执行命令“ssh localhost”，登录本机，如图 1-36 所示。

```
hadoop@ubuntu:/usr/local/hadoop/etc/hadoop$ ssh localhost
```

图 1-36　登录本机

执行命令“cd~/.ssh”，切换当前路径为 ssh 目录，执行命令“ssh-keygen -t rsa -P ""”生成密钥对，如图 1-37 所示。

```
hadoop@ubuntu:/usr/local/hadoop/etc/hadoop$ ssh-keygen -t rsa -P ""
```

图 1-37　生成密钥对

生成密钥后，执行命令“cat id_rsa.pub >>authorized_keys”，将公钥追加到 authorized_keys 中，实现 SSH 免密登录，如图 1-38 所示。

```
hadoop@ubuntu:~/.ssh$ cat id_rsa.pub >>authorized_keys
```

图 1-38　实现 SSH 免密登录

执行命令“ssh localhost”，验证配置是否生效，如图 1-39 所示。

```
hadoop@ubuntu:~/.ssh$ ssh localhost
Welcome to Ubuntu 16.04 LTS (GNU/Linux 4.4.0-21-generic x86_64)

 * Documentation:  https://help.ubuntu.com/

363 packages can be updated.
11 updates are security updates.

New release '18.04.4 LTS' available.
Run 'do-release-upgrade' to upgrade to it.

Last login: Sat Feb 29 00:32:38 2020 from 127.0.0.1
```

图 1-39　验证配置是否生效

（5）验证 Hadoop 单机模式是否安装成功

查看当前进程是否正常启动，如图 1-40 所示。

```
hadoop@ubuntu:~$ jps
3057 ResourceManager
3178 NodeManager
3453 Jps
```

图 1-40　查看当前进程是否正常启动

进程中并没有 NameNode、DataNode 等守护进程。

执行 Hadoop 自带的 hadoop-mapreduce-examples-2.7.6.jar 程序，验证单机模式配置是否生效。

在 HDFS 中创建 input 目录，即执行命令“hadoop dfs -mkdir input”，如图 1-41 所示。

```
hadoop@ubuntu:/usr/local/hadoop$ hadoop dfs -mkdir input
```

图 1-41　创建 input 目录

在本地目录中创建一个 wordcount.txt 文件，文件内容为“hello hadoop”“hello java”“hello world”，该文件内容可以自行设定，注意，单词间需要用空格隔开，并将其上传到 HDFS 的 input 目录中，执行命令“hadoop dfs -copyFromLocal /usr/local/hadoop/wordcount.txt input”，如图 1-42 所示。

```
hadoop@ubuntu:/usr/local/hadoop$ hadoop dfs -copyFromLocal /usr/local/hadoop/wor
dcount.txt input
```

图 1-42　创建 TXT 文件并上传到 HDFS 的 input 目录中

这里以运行 hadoop-mapreduce-examples-2.7.6.jar 为例进行说明，执行命令“hadoop jar ./share/hadoop/mapreduce/hadoop-mapreduce-examples-2.7.6.jar wordcount input output”，该命令是使用 Hadoop 自带的例子，在 input 中以空格分割统计字词的个数，如图 1-43 所示。

```
hadoop@ubuntu:/usr/local/hadoop$ hadoop jar ./share/hadoop/mapreduce/hadoop-mapr
educe-examples-2.7.6.jar wordcount input output
```

图 1-43　统计字词的个数

切换路径到输出目录 output 进行查看，output 目录中产生了 2 个文件，通过执行命令“ls”进行查看，如图 1-44 所示。

```
hadoop@ubuntu:/usr/local/hadoop/output$ ls
part-r-00000  _SUCCESS
```

图 1-44　查看产生的文件

通过执行命令“cat part-r-00000”查看运行结果，如图 1-45 所示。

```
hadoop@ubuntu:/usr/local/hadoop/output$ cat part-r-00000
hadoop  1
hello   3
java    1
world   1
```

图 1-45　查看运行结果

至此，Hadoop 单机模式安装与配置成功。

2．伪分布式模式的安装与配置

（1）安装 JDK

安装 JDK、Hadoop，并配置环境变量（步骤详见单机模式的安装与配置）。

（2）安装 SSH，并配置 SSH 免密登录

在/home 目录中执行命令“sudo apt-get install openssh-server”，安装 SSH 服务，如图 1-46 所示。

```
hadoop@master:/home$ sudo apt-get install openssh-server
```

图 1-46　安装 SSH 服务

在当前目录中执行命令“ssh-keygen –t rsa”，生成密钥对，并进入生成的~/.ssh 目录查看生成的文件，如图 1-47 所示。

在当前目录中执行命令“ls –la~/.ssh”，查看~/.ssh 目录中生成的认证文件，如图 1-48 所示。执行命令“ssh-copy-id hostname”，此处“hostname”为“master”，验证 SSH 免密登录 master 成功，如图 1-49 所示。

```
hadoop@master:/home$ ssh-keygen -t rsa
Generating public/private rsa key pair.
Enter file in which to save the key (/home/hadoop/.ssh/id_rsa):
Enter passphrase (empty for no passphrase):
Enter same passphrase again:
Your identification has been saved in /home/hadoop/.ssh/id_rsa.
Your public key has been saved in /home/hadoop/.ssh/id_rsa.pub.
The key fingerprint is:
SHA256:sjIjqRJz1N7CExR9DYAByODzYYzYjdwcH4OCG8VpZqo hadoop@master
The key's randomart image is:
+---[RSA 2048]----+
|+=oo+*+..o       |
|*+X=+o.o. .      |
|.@+B+ ..         |
|o = +            |
|.. + o. S        |
|E ..= .o         |
| +o +o.          |
|.. . +           |
|o                |
+----[SHA256]-----+
hadoop@master:/home$ ls ~/.ssh
id_rsa  id_rsa.pub
```

图 1-47　生成密钥对

```
hadoop@master:/home$ ls -la ~/.ssh
total 24
drwx------  2 hadoop hadoop 4096 7月  30 13:36 .
drwxr-xr-x 19 hadoop hadoop 4096 7月  30 13:00 ..
-rw-------  1 hadoop hadoop  395 7月  30 13:36 authorized_keys
-rw-------  1 hadoop hadoop 1679 7月  30 13:26 id_rsa
-rw-r--r--  1 hadoop hadoop  395 7月  30 13:26 id_rsa.pub
-rw-r--r--  1 hadoop hadoop  666 7月  30 13:36 known_hosts
```

图 1-48　查看~/.ssh 中生成的认证文件

```
hadoop@master:~/.ssh$ ssh-copy-id master
The authenticity of host 'master (10.0.2.4)' can't be established.
ECDSA key fingerprint is SHA256:LWidi1+kuZPBkiRts0bs3ZC/RcKJvNWjRKldl5iCuZM.
Are you sure you want to continue connecting (yes/no)? yes
/usr/bin/ssh-copy-id: INFO: attempting to log in with the new key(s), to filter out any that are
already installed
/usr/bin/ssh-copy-id: INFO: 1 key(s) remain to be installed -- if you are prompted now it is to i
nstall the new keys
hadoop@master's password:

Number of key(s) added: 1

Now try logging into the machine, with:   "ssh 'master'"
and check to make sure that only the key(s) you wanted were added.

hadoop@master:~/.ssh$ ssh master
Welcome to Ubuntu 16.04.4 LTS (GNU/Linux 4.15.0-29-generic x86_64)

 * Documentation:  https://help.ubuntu.com
 * Management:     https://landscape.canonical.com
 * Support:        https://ubuntu.com/advantage

148 packages can be updated.
0 updates are security updates.
```

图 1-49　执行命令并验证 SSH 免密登录 master 成功

（3）Hadoop 配置

在当前目录中，执行命令“vim core-site.xml”，并切换到编辑模式，配置 core-site.xml 文件，如图 1-50 所示，配置结束后，输入“:wq”，然后按回车键，保存并退出。

在当前目录中，执行命令“vim hdfs-site.xml”，并切换到编辑模式，配置 hdfs-site.xml 文件，如图 1-51 所示，配置结束后，输入“:wq”，然后按回车键，保存并退出。

```
hadoop@ubuntu: /usr/local/hadoop/etc/hadoop
  You may obtain a copy of the License at

    http://www.apache.org/licenses/LICENSE-2.0

  Unless required by applicable law or agreed to in writing, software
  distributed under the License is distributed on an "AS IS" BASIS,
  WITHOUT WARRANTIES OR CONDITIONS OF ANY KIND, either express or implied.
  See the License for the specific language governing permissions and
  limitations under the License. See accompanying LICENSE file.
-->

<!-- Put site-specific property overrides in this file. -->

<configuration>
<property>
<name>fs.defaultFS</name>
<value>hdfs://localhost:9000</value>
</property>
<property>
<name>hadoop.tmp.dir</name>
<value>/usr/local/hadoop/data/tmp</value>
</property>
</configuration>
                                                     28,1          Bot
```

图 1-50　配置 core-site.xml 文件

```
hadoop@ubuntu: /usr/local/hadoop/etc/hadoop
  Unless required by applicable law or agreed to in writing, software
  distributed under the License is distributed on an "AS IS" BASIS,
  WITHOUT WARRANTIES OR CONDITIONS OF ANY KIND, either express or implied.
  See the License for the specific language governing permissions and
  limitations under the License. See accompanying LICENSE file.
-->

<!-- Put site-specific property overrides in this file. -->

<configuration>
<property>
<name>dfs.replication</name>
<value>1</value>
</property>
<property>
<name>dfs.namenode.name.dir</name>
<value>/usr/local/hadoop/data/tmp/name</value>
</property>
<property>
<name>dfs.datanode.data.dir</name>
<value>/usr/local/hadoop/data/tmp/data</value>
</property>
</configuration>
                                                     32.1          Bot
```

图 1-51　配置 hdfs-site.xml 文件

在当前目录中，执行命令“vim mapred-site.xml”，并切换到编辑模式，配置 mapred-site.xml 文件，如图 1-52 所示，配置结束后，输入“:wq”，然后按回车键，保存并退出。

在当前目录中，执行命令“vim yarn-site.xml”，并切换到编辑模式，配置 yarn-site.xml 文件，如图 1-53 所示，配置结束后，输入“:wq”，然后按回车键，保存并退出。

（4）格式化 HDFS

切换到 Hadoop 的安装目录，执行命令“./bin/hdfs namenode -format”，格式化节点，如图 1-54 所示。

```
hadoop@ubuntu: /usr/local/hadoop/etc/hadoop
<?xml-stylesheet type="text/xsl" href="configuration.xsl"?>
<!--
  Licensed under the Apache License, Version 2.0 (the "License");
  you may not use this file except in compliance with the License.
  You may obtain a copy of the License at

    http://www.apache.org/licenses/LICENSE-2.0

  Unless required by applicable law or agreed to in writing, software
  distributed under the License is distributed on an "AS IS" BASIS,
  WITHOUT WARRANTIES OR CONDITIONS OF ANY KIND, either express or implied.
  See the License for the specific language governing permissions and
  limitations under the License. See accompanying LICENSE file.
-->

<!-- Put site-specific property overrides in this file. -->

<configuration>
<property>
<name>mapreduce.framework.name</name>
<value>yarn</value>
</property>
</configuration>
                                                    24,1          Bot
```

图 1-52 配置 mapred-site.xml 文件

```
hadoop@ubuntu: /usr/local/hadoop/etc/hadoop
<!--
  Licensed under the Apache License, Version 2.0 (the "License");
  you may not use this file except in compliance with the License.
  You may obtain a copy of the License at

    http://www.apache.org/licenses/LICENSE-2.0

  Unless required by applicable law or agreed to in writing, software
  distributed under the License is distributed on an "AS IS" BASIS,
  WITHOUT WARRANTIES OR CONDITIONS OF ANY KIND, either express or implied.
  See the License for the specific language governing permissions and
  limitations under the License. See accompanying LICENSE file.
-->
<configuration>
<property>
<name>yarn.nodemanager.aux_services</name>
<value>mapreduce_shuffle</value>
</property>
<property>
<name>yarn.resourcemanager.hostname</name>
<value>localhost</value>
</property>
</configuration>
                                                    24,1          Bot
```

图 1-53 配置 yarn-site.xml 文件

```
hadoop@ubuntu:/usr/local/hadoop$ ./bin/hdfs namenode -format
```

图 1-54 格式化节点

如果在返回的信息中看到“Exiting with status 0”，则表示执行格式化成功。

（5）验证测试

在当前目录中，执行命令“start-all.sh”，启动节点，如图 1-55 所示。

```
hadoop@ubuntu:/usr/local/hadoop$ start-all.sh
```

图 1-55 启动节点

执行命令“jps”，查看当前进程是否正常启动，如图 1-56 所示。

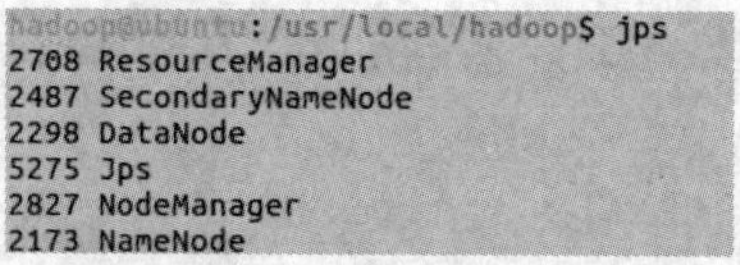

```
hadoop@ubuntu:/usr/local/hadoop$ jps
2708 ResourceManager
2487 SecondaryNameNode
2298 DataNode
5275 Jps
2827 NodeManager
2173 NameNode
```

图 1-56　查看当前进程是否正常启动

与单机模式对比，其运行进程中多了 NameNode、DataNode 等守护进程。

测试 HDFS 和 YARN，在浏览器地址栏中输入“http://localhost:50070”，进入 HDFS 信息界面，表明 HDFS 配置准确，如图 1-57 所示。

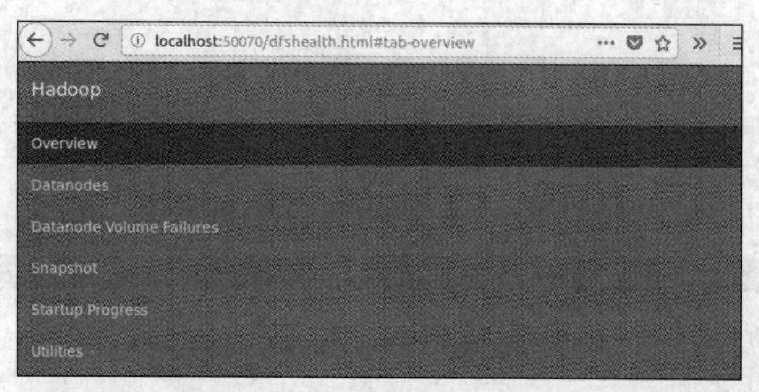

图 1-57　HDFS 信息界面

在浏览器地址栏中输入“http://ip:8088”，打开 Web 控制台，可以查看集群状态。如果 DataNode 中没有配置 yarn-site.xml，则在网页中无法看到节点信息；如果配置了 yarn-site.xml，则在网页中将会看到节点信息，如图 1-58 所示。

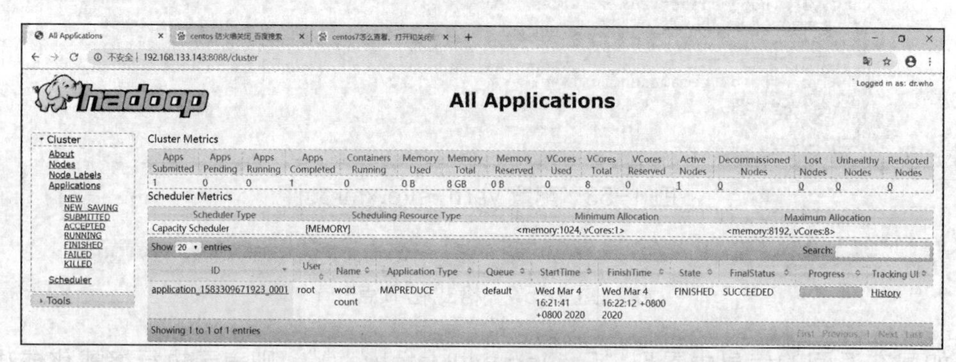

图 1-58　节点信息

至此，Hadoop 伪分布式模式的安装与配置成功。

3．集群模式的安装与配置

在 Hadoop 集群模式的安装与配置中，Hadoop 集群架构如图 1-59 所示。

（1）修改 hosts 文件、存储主机名和 IP 映射

在每台 Linux 主机上，通过 vi 编辑器编辑 etc/hosts 文件，编辑结束后，输入“:wq”，然后按回车键，保存并退出，如图 1-60 所示。

Master节点
NameNode、
SecondaryNameNode、
ResourceManager

slave1节点
NodeManager、
DataNode

slave2节点
NodeManager、
DataNode

图 1-59　集群架构

```
127.0.0.1        localhost

192.168.247.133 master
192.168.247.134 slave1
192.168.247.137 slave2
```

图 1-60　编辑 hosts 文件

测试集群中各个节点之间的互通性（这里使用“ping”命令进行测试），如图 1-61 所示。

```
hadoop@master:~$ ping slave1
PING slave1 (192.168.247.134) 56(84) bytes of data.
64 bytes from slave1 (192.168.247.134): icmp_seq=1 ttl=64 time=3.28 ms
64 bytes from slave1 (192.168.247.134): icmp_seq=2 ttl=64 time=0.785 ms
64 bytes from slave1 (192.168.247.134): icmp_seq=3 ttl=64 time=0.348 ms
64 bytes from slave1 (192.168.247.134): icmp_seq=4 ttl=64 time=0.420 ms
64 bytes from slave1 (192.168.247.134): icmp_seq=5 ttl=64 time=0.465 ms
```

图 1-61　测试集群中各个节点之间的互通性

随后，在集群的各个节点上配置 SSH 免密登录，实现 Master 节点无密码登录各个 Slave 节点。

（2）Master 节点的配置

进入 home 目录，执行命令“sudo apt-get install openssh-server”，安装 SSH 服务，如图 1-62 所示。

```
hadoop@master:/home$ sudo apt-get install openssh-server
```

图 1-62　安装 SSH 服务

在当前目录中，执行命令“ssh-keygen –t rsa”，生成密钥对，并进入生成的 ~/.ssh 目录，查看生成的文件，如图 1-63 所示。

```
hadoop@master:/home$ ssh-keygen -t rsa
Generating public/private rsa key pair.
Enter file in which to save the key (/home/hadoop/.ssh/id_rsa):
Enter passphrase (empty for no passphrase):
Enter same passphrase again:
Your identification has been saved in /home/hadoop/.ssh/id_rsa.
Your public key has been saved in /home/hadoop/.ssh/id_rsa.pub.
The key fingerprint is:
SHA256:sjIjqRJz1N7CExR9DYAByODzYYzYjdwcH4OCG8VpZqo hadoop@master
The key's randomart image is:
+---[RSA 2048]----+
|+=oo+*+..o       |
|*+X=+o.o. .      |
|.@+B+ ..         |
|o = +            |
|.. + o. S        |
|E ..= .o         |
| +o +o.          |
|.. . +           |
|o                |
+----[SHA256]-----+
hadoop@master:/home$ ls ~/.ssh
id_rsa  id_rsa.pub
```

图 1-63　生成密钥对并查看生成的文件

在当前目录中，执行命令“ls –la～/.ssh”，查看～/.ssh 目录中生成的认证文件，如图 1-64 所示。执行命令“ssh-copy-id hostname”，此处“hostname”为“master”，验证 SSH 免密登录 master 成功，如图 1-65 所示。

```
hadoop@master:/home$ ls -la ~/.ssh
total 24
drwx------  2 hadoop hadoop 4096 7月  30 13:36 .
drwxr-xr-x 19 hadoop hadoop 4096 7月  30 13:00 ..
-rw-------  1 hadoop hadoop  395 7月  30 13:36 authorized_keys
-rw-------  1 hadoop hadoop 1679 7月  30 13:26 id_rsa
-rw-r--r--  1 hadoop hadoop  395 7月  30 13:26 id_rsa.pub
-rw-r--r--  1 hadoop hadoop  666 7月  30 13:36 known_hosts
```

图 1-64　查看～/.ssh 目录中生成的认证文件

```
hadoop@master:~/.ssh$ ssh-copy-id master
The authenticity of host 'master (10.0.2.4)' can't be established.
ECDSA key fingerprint is SHA256:LWidi1+kuZPBkiRts0bs3ZC/RcKJvNWjRKldl5iCuZM.
Are you sure you want to continue connecting (yes/no)? yes
/usr/bin/ssh-copy-id: INFO: attempting to log in with the new key(s), to filter out any that are
already installed
/usr/bin/ssh-copy-id: INFO: 1 key(s) remain to be installed -- if you are prompted now it is to i
nstall the new keys
hadoop@master's password:

Number of key(s) added: 1

Now try logging into the machine, with:   "ssh 'master'"
and check to make sure that only the key(s) you wanted were added.

hadoop@master:~/.ssh$ ssh master
Welcome to Ubuntu 16.04.4 LTS (GNU/Linux 4.15.0-29-generic x86_64)

 * Documentation:  https://help.ubuntu.com
 * Management:     https://landscape.canonical.com
 * Support:        https://ubuntu.com/advantage

148 packages can be updated.
0 updates are security updates.
```

图 1-65　验证 SSH 免密登录 master 成功

操作结束后，执行“exit”命令退出 SSH 操作。

（3）Slave 节点的配置

在各 Slave 节点上重复 Master 配置操作，其中，需要注意的是执行命令“ssh-copy-id hostname”时，需要更换“hostname”为“slave1”或“slave2”，即当前主机的主机名。

在 Master 节点的/home 目录中，执行命令“ssh-copy-id slave1”“ssh-copy-id slave2”，完成 Master 节点登录各 Slave 节点的免密配置，如图 1-66 和图 1-67 所示。

（4）集群环境的配置

在配置集群模式时，需要修改 usr/local/hadoop/etc/hadoop 目录中的配置文件，这里仅设置正常启动所必需的设置项，包括 slaves、core-site.xml、hdfs-site.xml、mapred-site.xml、yarn-site.xml 共 5 个文件，更多设置项可查看官方说明文档。

```
hadoop@master:/home$ ssh-copy-id slave1
/usr/bin/ssh-copy-id: INFO: Source of key(s) to be installed: "/home/hadoop/.ssh/id_rsa.pub"
/usr/bin/ssh-copy-id: INFO: attempting to log in with the new key(s), to filter out any that are
already installed
/usr/bin/ssh-copy-id: INFO: 1 key(s) remain to be installed -- if you are prompted now it is to i
nstall the new keys
hadoop@slave1's password:

Number of key(s) added: 1

Now try logging into the machine, with:   "ssh 'slave1'"
and check to make sure that only the key(s) you wanted were added.

hadoop@master:/home$ ssh slave1
Welcome to Ubuntu 16.04.4 LTS (GNU/Linux 4.15.0-29-generic x86_64)

 * Documentation:  https://help.ubuntu.com
 * Management:     https://landscape.canonical.com
 * Support:        https://ubuntu.com/advantage

148 packages can be updated.
0 updates are security updates.

Last login: Mon Jul 30 13:04:52 2018 from 10.0.2.4
```

图 1-66　Master 节点登录 slave1 节点的免密配置

```
hadoop@master:/home$ ssh-copy-id slave2
/usr/bin/ssh-copy-id: INFO: Source of key(s) to be installed: "/home/hadoop/.ssh/id_rsa.pub"
The authenticity of host 'slave2 (10.0.2.15)' can't be established.
ECDSA key fingerprint is SHA256:IbWbo3Pg0EQgqLX9ZPHhgsvrpfNfFyNHB+/hnpEV8X4.
Are you sure you want to continue connecting (yes/no)? yes
/usr/bin/ssh-copy-id: INFO: attempting to log in with the new key(s), to filter out any that are
already installed
/usr/bin/ssh-copy-id: INFO: 1 key(s) remain to be installed -- if you are prompted now it is to i
nstall the new keys
hadoop@slave2's password:

Number of key(s) added: 1

Now try logging into the machine, with:   "ssh 'slave2'"
and check to make sure that only the key(s) you wanted were added.

hadoop@master:/home$ ssh slave2
Welcome to Ubuntu 16.04.4 LTS (GNU/Linux 4.15.0-29-generic x86_64)

 * Documentation:  https://help.ubuntu.com
 * Management:     https://landscape.canonical.com
 * Support:        https://ubuntu.com/advantage

148 packages can be updated.
0 updates are security updates.

Last login: Mon Jul 30 13:05:13 2018 from 10.0.2.4
```

图 1-67　Master 节点登录 slave2 节点的免密配置

① 修改文件 slaves：将 Master 节点仅作为 NameNode 使用，将 slaves 文件中原来的 localhost 删除，并添加图 1-68 所示内容。

图 1-68　添加的内容

② 修改文件 core-site.xml：修改 core-site.xml 配置文件，如图 1-69 所示。

③ 修改文件 hdfs-site.xml：修改 hdfs-site.xml 配置文件，如图 1-70 所示。

④ 修改文件 mapred-site.xml：修改 mapred-site.xml 配置文件，如图 1-71 所示。

```
hadoop@master: /usr/local/hadoop/etc/hadoop
    http://www.apache.org/licenses/LICENSE-2.0

  Unless required by applicable law or agreed to in writing, software
  distributed under the License is distributed on an "AS IS" BASIS,
  WITHOUT WARRANTIES OR CONDITIONS OF ANY KIND, either express or implied.
  See the License for the specific language governing permissions and
  limitations under the License. See accompanying LICENSE file.
-->

<!-- Put site-specific property overrides in this file. -->

<configuration>
<property>
<name>fs.defaultFS</name>
<value>hdfs://master:9000</value>
</property>
<property>
<name>hadoop.tmp.dir</name>
<value>/usr/local/hadoop/data/tmp</value>
<description>Abase for other temporary directories.</description>
</property>
```

图 1-69　修改 core-site.xml 配置文件

```
hadoop@master: /usr/local/hadoop/etc/hadoop
  limitations under the License. See accompanying LICENSE file.
-->

<!-- Put site-specific property overrides in this file. -->

<configuration>
<property>
<name>dfs.namenode.secondary.http-address</name>
<value>master:50090</value>
</property>
<property>
<name>dfs.replication</name>
<value>1</value>
</property>
<property>
<name>dfs.namenode.name.dir</name>
<value>/usr/local/hadoop/data/tmp/name</value>
</property>
<property>
<name>dfs.datanode.data.dir</name>
<value>/usr/local/hadoop/data/tmp/data</value>
</property>
```

图 1-70　修改 hdfs-site.xml 配置文件

```
hadoop@master: /usr/local/hadoop/etc/hadoop
  Unless required by applicable law or agreed to in writing, software
  distributed under the License is distributed on an "AS IS" BASIS,
  WITHOUT WARRANTIES OR CONDITIONS OF ANY KIND, either express or implied.
  See the License for the specific language governing permissions and
  limitations under the License. See accompanying LICENSE file.
-->

<!-- Put site-specific property overrides in this file. -->

<configuration>
<property>
<name>mapreduce.framework.name</name>
<value>yarn</value>
</property>
<property>
<name>mapreduce.jobhistory.address</name>
<value>master:10020</value>
</property>
<property>
<name>mapreduce.jobhistory.webapp.address</name>
<value>master:19888</value>
</property>
```

图 1-71　修改 mapred-site.xml 配置文件

⑤ 修改文件 yarn-site.xml：修改 yarn-site.xml 配置文件，如图 1-72 所示。

```
hadoop@master: /usr/local/hadoop/etc/hadoop
<!--
  Licensed under the Apache License, Version 2.0 (the "License");
  you may not use this file except in compliance with the License.
  You may obtain a copy of the License at

    http://www.apache.org/licenses/LICENSE-2.0

  Unless required by applicable law or agreed to in writing, software
  distributed under the License is distributed on an "AS IS" BASIS,
  WITHOUT WARRANTIES OR CONDITIONS OF ANY KIND, either express or implied.
  See the License for the specific language governing permissions and
  limitations under the License. See accompanying LICENSE file.
-->
<configuration>
<property>
<name>yarn.resourcemanager.hostname</name>
<value>master</value>
</property>
<property>
<name>yarn.nodemanager.aux-services</name>
<value>mapreduce_shuffle</value>
</property>
```

图 1-72 修改 yarn-site.xml 配置文件

上述文件全部配置完成以后，需要把 Master 节点上的/usr/local/hadoop 文件复制到各个 Slave 节点上，如图 1-73 和图 1-74 所示。如果之前已经运行过伪分布式模式，则建议在切换到集群模式之前，先删除之前的伪分布模式下生成的临时文件。

```
hadoop@master:~$ scp -r /usr/local/hadoop/ slave1:/usr/local
part-r-00000                                  100% 8006     7.8KB/s   00:00
_SUCCESS                                      100%    0     0.0KB/s   00:00
yarn                                          100%   13KB  13.0KB/s   00:00
container-executor                            100%  156KB 156.4KB/s   00:00
hadoop.cmd                                    100% 8786     8.6KB/s   00:00
mapred                                        100% 5953     5.8KB/s   00:00
mapred.cmd                                    100% 6310     6.2KB/s   00:00
hdfs                                          100%   12KB  11.9KB/s   00:00
test-container-executor                       100%  199KB 199.3KB/s   00:00
yarn.cmd                                      100%   11KB  11.1KB/s   00:00
rcc                                           100% 1776     1.7KB/s   00:00
hdfs.cmd                                      100% 7327     7.2KB/s   00:00
hadoop                                        100% 6488     6.3KB/s   00:00
yarn-hadoop-resourcemanager-master.out.4      100%  700     0.7KB/s   00:00
hadoop-hadoop-namenode-master.out.4           100%  716     0.7KB/s   00:00
hadoop-hadoop-secondarynamenode-master.out.5  100%  716     0.7KB/s   00:00
```

图 1-73 将 Master 节点上的 Hadoop 包复制到 slave1 节点上

```
hadoop@master:~$ scp -r /usr/local/hadoop/ slave2:/usr/local
part-r-00000                                  100% 8006     7.8KB/s   00:00
_SUCCESS                                      100%    0     0.0KB/s   00:00
yarn                                          100%   13KB  13.0KB/s   00:00
container-executor                            100%  156KB 156.4KB/s   00:00
hadoop.cmd                                    100% 8786     8.6KB/s   00:00
mapred                                        100% 5953     5.8KB/s   00:00
mapred.cmd                                    100% 6310     6.2KB/s   00:00
hdfs                                          100%   12KB  11.9KB/s   00:00
test-container-executor                       100%  199KB 199.3KB/s   00:00
yarn.cmd                                      100%   11KB  11.1KB/s   00:00
rcc                                           100% 1776     1.7KB/s   00:00
hdfs.cmd                                      100% 7327     7.2KB/s   00:00
hadoop                                        100% 6488     6.3KB/s   00:00
yarn-hadoop-resourcemanager-master.out.4      100%  700     0.7KB/s   00:00
hadoop-hadoop-namenode-master.out.4           100%  716     0.7KB/s   00:00
hadoop-hadoop-secondarynamenode-master.out.5  100%  716     0.7KB/s   00:00
```

图 1-74 将 Master 节点上的 Hadoop 包复制到 slave2 节点上

（5）验证测试

首次启动 Hadoop 集群模式时，需要在 Master 节点执行名称节点的格式化操作，即执行命令“hdfs namenode -format”，如图 1-75 所示。

```
hadoop@master:/usr/local$ hdfs namenode -format
```

图 1-75 格式化名称节点

接下来即可启动 Hadoop，在 Master 节点上执行命令“start-all.sh”，启动进程，如图 1-76 所示。

```
hadoop@master:/usr/local$ start-all.sh
```

图 1-76 启动进程

依次在各个节点上执行命令“jps”，查看各个节点的进程，如图 1-77～图 1-79 所示，表示各个节点安装和配置集群环境正确。

```
hadoop@master:/usr/local$ jps
6034 Jps
5780 ResourceManager
5413 NameNode
5627 SecondaryNameNode
```

图 1-77 查看 Master 节点的进程

```
hadoop@slave1:~$ jps
1493 DataNode
2585 Jps
1583 NodeManager
```

图 1-78 查看 slave1 节点的进程

```
hadoop@slave2:~$ jps
3301 DataNode
3398 NodeManager
8442 Jps
```

图 1-79 查看 slave2 节点的进程

测试 HDFS 和 YARN，在浏览器地址栏中输入“http://master:50070”，进入 HDFS 信息界面，表明 HDFS 配置准确，如图 1-80 所示。

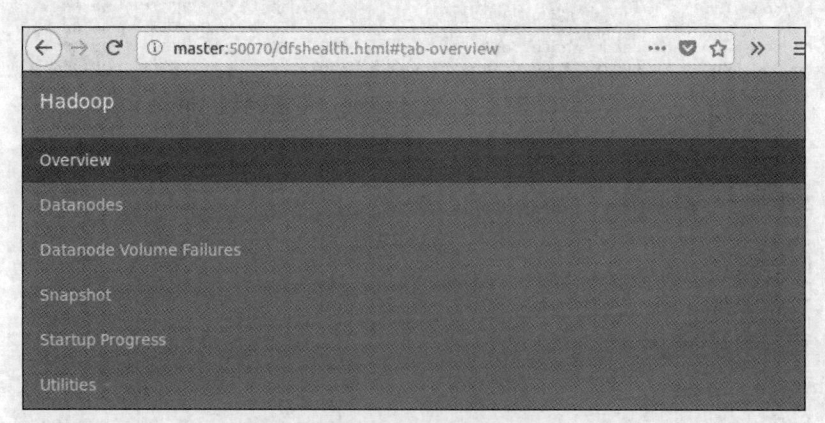

图 1-80 HDFS 信息界面

在浏览器地址栏中输入“http://master:8088”，打开 Web 控制台，可以查看集群状态，如果 DataNode 中没有配置 yarn-site.xml，则在网页中无法看到节点信息；如果配置了 yarn-site.xml，则在网页中将会看到节点配置信息，如图 1-81 所示。

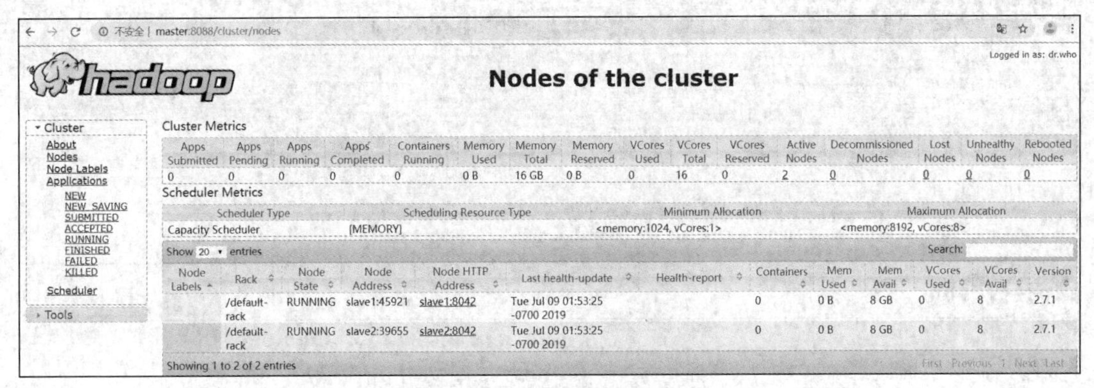

图 1-81　节点配置信息

项目 2 Hive环境搭建与基本操作

02

学习目标

【知识目标】

① 了解 Hive 产生的背景、Hive 架构。
② 识记 Hive SQL 常用语句。

【技能目标】

① 学会 Hive 的安装与配置。
② 学会 Hive 的基本操作。

项目描述

Hadoop 的 MapReduce 可以轻松实现对大量数据的处理。MapReduce 程序的使用对于程序员而言比较容易，但是对于不熟悉 MapReduce 程序的使用者来说就不容易了。Hive 最初就是为分析和处理海量日志而设计的，通过 Hive SQL 可以使不熟悉 MapReduce 程序的使用者更方便地进行大数据处理。它不仅提供了丰富的 SQL 查询方式，可以方便地分析存储在 Hadoop 分布式文件系统中的数据，将结构化的数据文件映射为一张数据库表，并且提供了完整的 SQL 查询功能，还可以将 SQL 语句转换为 MapReduce 任务来运行，通过 SQL 查询分析需要的内容。

本项目主要要求学会 Hive 的安装与配置以及 Hive 的基本操作。

任务 2.1 Hive 的安装与配置

任务描述

（1）学习 Hive 的相关技术知识，了解 Hive 的产生背景、特点和 Hive SQL 基本操作等。

（2）完成 Hive 的安装与配置。

任务目标

（1）熟悉 Hive 的特点。

（2）学会 MySQL 的安装与配置。

（3）学会 Hive 的安装与配置。

知识准备

Hive 是基于 Hadoop 的一个数据仓库工具，可以将结构化的数据文件映射为一张数据库表，并提供完整的 SQL 查询功能，将类 SQL 语句转换为 MapReduce 任务，如图 2-1 所示，并执行此任务。

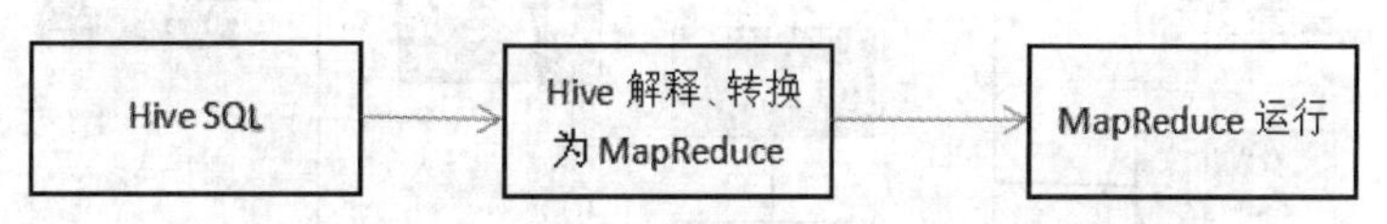

图 2-1 将类 SQL 语句转换为 MapReduce 任务

1. Hive 数据结构

Hive 中所有的数据都存储在 HDFS 中，Hive 中包含以下数据结构。

（1）Table：Hive 中的 Table 和数据库中的 Table 在概念上是类似的，每一个 Table 在 Hive 中都有一个相应的目录存储数据。

（2）Partition（可选）：在 Hive 中，表中的一个 Partition 对应表中的一个目录，所有的 Partition 的数据都存储在对应的目录中。

（3）Bucket（可选）：Bucket 对指定列计算 Hash，Partition 根据某个列的 Hash 值散列到不同的 Bucket 中，目的是进行并行处理，每一个 Bucket 对应一个文件。

2. Hive 架构

Hive 架构如图 2-2 所示。

Hadoop 和 MapReduce 是 Hive 架构的基础。用户接口主要有 CLI 客户端、HiveServer 客户端、HWI 客户端和 HUE 客户端（开源的 Apache Hadoop UI 系统），其中最常用的是 CLI 客户端。在 CLI 客户端启动时，会同时启动一个 Hive 副本。在 Windows 中，可通过 JDBC 连接 HiveServer 的图形界面工具，包括 SQuirrel SQL Client、Oracle SQL Developer 及 DbVisualizer。HWI 通过浏览器访问 Hive，通过 Web 控制台与 Hadoop 集群进行交互来分析及处理数据。

MetaStore 用于存储和管理 Hive 的元数据，使用关系数据库来保存元数据信息（MySQL、Derby 等），Hive 中的元数据包括表的名称、表的列和分区及其属性、表的属性（是否为外部表等）、表的数据所在目录等。Hive 通过解释器、编译器、优化器和执行器完成 HQL 查询语句从词法分析、语法分析、编译、优化到查询计划的生成。生成的查询计划存储在 HDFS 中，随后由 MapReduce 调用。大部分的查询、计算由 MapReduce 来完成。

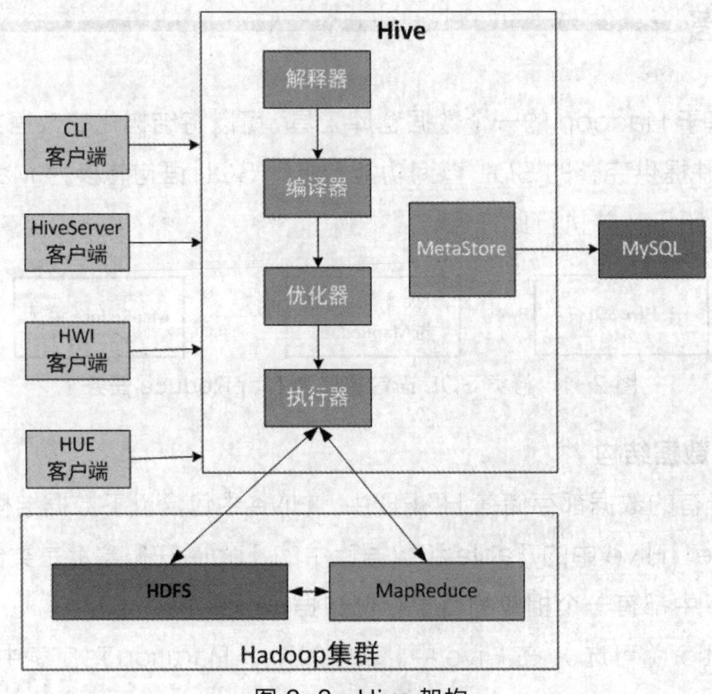

图 2-2 Hive 架构

3. Hive 与传统关系型数据库的对比

使用 Hive 的命令行接口很像操作关系型数据库，但是 Hive 和关系型数据库有很大的不同，具体如下。

（1）Hive 和关系型数据库存储文件的系统不同，Hive 使用的是 Hadoop 的 HDFS（Hadoop 的分布式文件系统），关系型数据库使用的是服务器本地的文件系统。

（2）Hive 使用的计算模型是 MapReduce，而关系型数据库使用的是自己设计的计算模型。

（3）关系型数据库都是为实时查询的业务而设计的，而 Hive 是为海量数据进行数据挖掘而设计的，实时性很差。因此，Hive 的应用场景和关系型数据库有很大的不同。

（4）Hive 架构的基础是 Hadoop，因此很容易扩展自己的存储能力和计算能力，而关系型数据库在此方面要差很多。

以上是从宏观的角度比较 Hive 和关系型数据库的区别，Hive 和关系型数据库在微观上的异同如下。

（1）在关系型数据库中，表的加载模式是在数据加载时强制确定的（表的加载模式是指数据库存储数据的文件格式），如果加载数据时发现加载的数据不符合模式，则关系型数据库会拒绝加载数据，这种模式称为“写时模式”，写时模式会在数据加载时对数据模式进行检查校验。和关系型数据库的加载过程不同，Hive 在加载数据时不会对数据进行检查，也不会更改被加载的数据文件，数据格式的检查是在查询操作时执行的，这种模式称为“读时模式”。在实际应用中，写时模式在加载数据时会对列进行索引，对数据进行压缩，因此加载数据的速度很慢，但是当数据加载好后，查询数据的速度很快。读时模式在加载数据时不会对数据进行检查，因此加载数据的速度很快，但是在读数据时会对数据进行校验，不符合格式的数据将被设置为 NULL，查询数据的速度会变慢。因此当数据是非结构化的，存储模式也未知时，关系型数据库在这种场景的操作会很麻烦，此时，Hive 即可发挥自己的优势。

（2）关系型数据库有一个重要的特点——其可以对某一行或某些行的数据进行更新、删除操作，Hive 自 0.14 版本开始支持 update 和 delete 操作，要执行 update 和 delete 的表必须支持 ACID，但是需要注意的是，Hive 的架构是为了海量数据处理而设计的，全数据的扫描是常态，针对某些具体数据进行 update 和 delete 操作效率较差。

4. Hive 的执行流程

Hive 的执行流程如图 2-3 所示。

（1）executeQuery：Hive 界面包含命令行和 Web UI，其将查询发送到 Driver（任意数据库驱动程序，如 JDBC、ODBC 等）中执行。

（2）getPlan：Driver 根据查询编译器解析 Query 语句，验证 Query 语句的语法、查询计划或查询条件。

（3）getMetaData：编译器将元数据请求发送给 Metastore（任意数据库）。

（4）sendMetaData：Metastore 将元数据作为响应发送给编译器。

（5）sendPlan：编译器检查要求并重新发送 Driver 的计划。此时，查询的解析和编译完成。

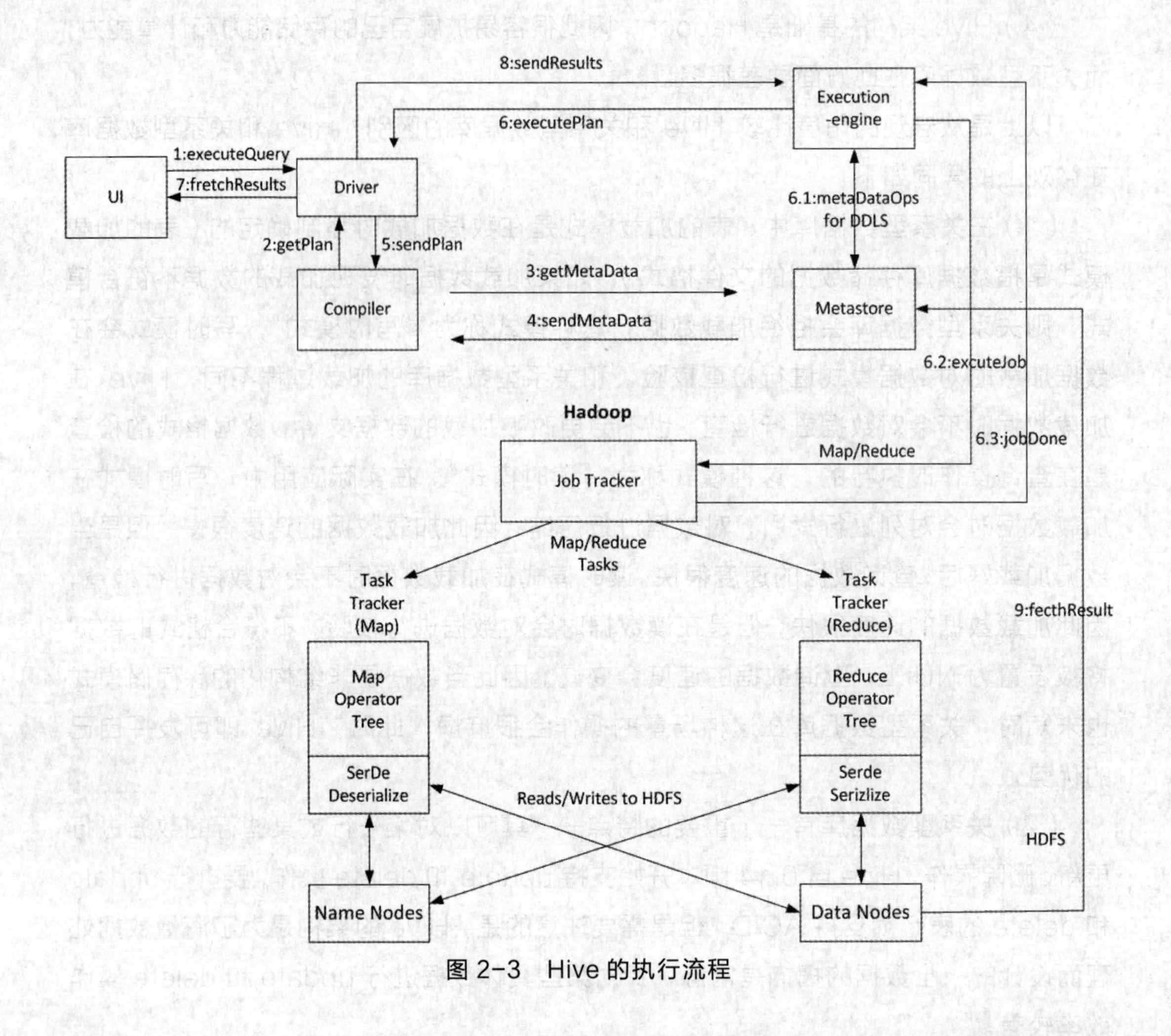

图 2-3　Hive 的执行流程

（6）executePlan：Driver 将执行计划发送到执行引擎，在该过程中的执行流程如下。

① executeJob：Hadoop 内部执行的是 MapReduce 工作过程，任务执行引擎发送一个任务到资源管理节点（ResourceManager）上，资源管理节点分配该任务到数据节点，由数据节点开始执行 MapReduce 任务。

② metaDataOps for DDLS：在执行 executeJob 操作发送任务的同时，对 Hive 的元数据进行相应操作。

③ jobDone：数据节点的操作结果发送到执行引擎。

（7）fetchResults：Hive 界面从 Driver 中提取结果。

（8）sendResults：执行引擎发送合成值到 Driver。

（9）fetchResult：Hive 接口从执行引擎提取结果。

任务实施

Hive 工具中默认使用的是 Derby 数据库，该数据库使用简单，操作灵活，但是存在一定的局限性，Hive 支持使用第三方数据库（MySQL 等），通过配置可以把 MySQL 集成到 Hive 工具中，MySQL 功能更强大，应用也更广泛。

1. MySQL 的安装与配置

（1）检查系统中是否已经安装 MySQL

右键单击 Ubuntu 操作系统的桌面，在弹出的快捷菜单中选择“Open in Terminal”选项，打开终端，在终端中执行命令“sudo netstat -tap | grep mysql”，检查 MySQL 的安装情况，若没有找到对应的信息，则表示没有安装，如图 2-4 所示。

```
hadoop@ubuntu:~$ sudo netstat -tap | grep mysql
```

图 2-4　检查 MySQL 的安装情况

（2）安装 MySQL

将 MySQL 的二进制文件解压后，进行相关文件的配置，尝试登录 MySQL，以便验证是否安装成功。

进入安装包所在目录，查看所需软件，如图 2-5 所示。

```
bailing@slave1:~/Downloads$ ll
total 629312
drwxr-xr-x  2 bailing bailing      4096 Aug 24 04:40 ./
drwxr-xr-x 22 bailing bailing      4096 Aug 24 04:39 ../
-rw-rw-r--  1 bailing bailing 644399365 Aug 24 04:40 mysql-5.7.23-linux-glibc2.1
2-x86_64.tar.gz
bailing@slave1:~/Downloads$ 
```

图 2-5　查看所需软件

解压文件，即将 MySQL 的压缩包解压到 simple 目录中，如图 2-6 所示。

```
bailing@slave1:~/Downloads$ sudo tar -zxvf mysql-5.7.23-linux-glibc2.12-x86_64.t
ar.gz -C /simple/
```

图 2-6　解压文件

进入 simple 目录，查看解压文件并将其重命名为 mysql（重命名操作是为了后续操作方便），如图 2-7 所示。

```
bailing@slave1:/simple$ cd /simple/
bailing@slave1:/simple$ sudo mv mysql-5.7.23-linux-glibc2.12-x86_64/ mysql
```

图 2-7　查看解压文件并重命名文件

（3）配置环境变量

环境变量的配置如图 2-8 所示。

```
export JAVA_HOME=/opt/jdk1.8.0_171
export PATH=$PATH:$JAVA_HOME/bin
export HADOOP_HOME=/opt/hadoop-2.7.1
export PATH=$PATH:$HADOOP_HOME/bin
export PATH=$PATH:$HADOOP_HOME/sbin
export FLUME_HOME=/opt/flume
export PATH=$PATH:$FLUME_HOME/bin
export MYSQL_HOME=/simple/mysql
export PATH=$PATH:$MYSQL_HOME/bin
```

图 2-8　环境变量的配置

（4）用户及权限相关配置

添加 mysql 组和 mysql 用户，执行命令“sudo groupadd mysql”“useradd -r -g mysql mysql”，如图 2-9 所示。

```
bailing@slave1:/simple$ sudo groupadd mysql
bailing@slave1:/simple$ useradd -r -g mysql mysql
```

图 2-9　添加 mysql 组和 mysql 用户

进入 mysql 所在的目录，并更改其所属的组和用户。执行命令“sudo chgrp-R mysql .”“sudo chown -R mysql .”，如图 2-10 所示。

```
bailing@slave1:/simple/mysql$ sudo chgrp -R mysql .
bailing@slave1:/simple/mysql$ sudo chown -R mysql .
```

图 2-10　更改 mysql 目录所属的组和用户

执行 mysql_install_db 脚本，对 MySQL 中的 data 目录进行初始化。注意，MySQL 服务进程 mysqld 运行时会访问 data 目录，所以必须由启动 mysqld 进程的用户（即之前设置的 mysql 用户）执行此脚本，或者使用 root 用户执行此脚本。执行命令时应加上参数--user=mysql，启动过程中会生成密码，将密码复制并保存好，第一次登录时需要用到，如图 2-11 所示。

```
bailing@slave1:~$ cd /simple/mysqld --initialize -user=mysql -basedir=/simple/my
sql --datadir=/simple/mysql/data
```

图 2-11　初始化 MySQL

在 mysql 目录中，除了 data 目录外，将其余目录和文件均修改为 root 用户所有，mysql 用户只需作为 mysql/data 目录中所有文件的所有者即可，如图 2-12 所示。

```
bailing@slave1:/simple/mysql$ sudo chown -R root .
bailing@slave1:/simple/mysql$ sudo chown -R mysql data
```

图 2-12　修改目录权限

（5）配置启动文件

为了再次启动 MySQL 服务时，不需要切换到目录 bin，并通过./mysqld_safe --user=mysql 进行启动操作，而需要对启动文件进行相应的配置操作，如图 2-13 所示，以便使服务可以通过执行“/etc/init.d/mysql.server start”命令进行启动。

```
bailing@slave1:/simple/mysql$ sudo cp support-files/mysql.server /etc/init.d/mys
ql
```

图 2-13　配置启动文件

进入/etc/init.d 目录，并编辑 mysql 文件，如图 2-14 所示。

```
hadoop@slave1:~$ cd /etc/init.d/
hadoop@slave1:/etc/init.d$ ls
acpid                    kerneloops               resolvconf
alsa-utils               killprocs                rsync
anacron                  kmod                     rsyslog
apparmor                 lightdm                  saned
apport                   mountall-bootclean.sh    sendsigs
avahi-daemon             mountall.sh              single
bluetooth                mountdevsubfs.sh         skeleton
bootmisc.sh              mountkernfs.sh           speech-dispatcher
brltty                   mountnfs-bootclean.sh    ssh
checkfs.sh               mountnfs.sh              thermald
checkroot-bootclean.sh   mysql                    udev
checkroot.sh             networking               ufw
console-setup            network-manager          umountfs
cron                     ondemand                 umountnfs.sh
cups                     plymouth                 umountroot
cups-browsed             plymouth-log             unattended-upgrades
dbus                     pppd-dns                 urandom
dns-clean                procps                   uuidd
grub-common              rc                       vmware-tools
halt                     rc.local                 vmware-tools-thinprint
hostname.sh              rcS                      whoopsie
hwclock.sh               README                   x11-common
irqbalance               reboot
hadoop@slave1:/etc/init.d$ sudo vim mysql
```

图 2-14　编辑 mysql 文件

修改配置文件，在文件中修改 2 个目录的位置，设置“basedir=/simple/mysql”“datadir=/simple/mysql/data”，如图 2-15 所示。

```
# MySQL daemon start/stop script.
basedir=/simple/mysql
datadir=/simple/mysql/data
```

图 2-15　修改配置文件

启动 MySQL 服务，如图 2-16 所示。

```
bailing@slave1:/etc/init.d$ service mysql start
```

图 2-16　启动 MySQL 服务

执行命令“mysql -uroot -p”，登录 MySQL，提示输入密码，将刚才复制的密码粘贴到冒号后面，按“Enter”键，进入 MySQL 命令行模式，如图 2-17 所示。

```
bailing@master:/etc/init.d$ mysql -uroot -p
Enter password:
Welcome to the MySQL monitor.  Commands end with ; or \g.
Your MySQL connection id is 14
Server version: 5.7.23-0ubuntu0.16.04.1 (Ubuntu)

Copyright (c) 2000, 2018, Oracle and/or its affiliates. All rights reserved.

Oracle is a registered trademark of Oracle Corporation and/or its
affiliates. Other names may be trademarks of their respective
owners.

Type 'help;' or '\h' for help. Type '\c' to clear the current input statement.

mysql> 
```

图 2-17　登录 MySQL

进入命令行模式后，为了方便登录，需要修改密码，这里执行命令“set password for 'root'@'localhost'=password('123456');”，将密码修改为“123456”（也可以根据需要自行设定），如图 2-18 所示。

```
mysql> set password for 'root'@'localhost'=password('123456');
Query OK, 0 rows affected, 1 warning (0.02 sec)

mysql>
```

图 2-18　修改密码

（6）任务测试

重新启动 MySQL 服务并进行登录，如图 2-19 所示。

```
bailing@master:/etc/init.d$ mysql -uroot -p
Enter password:
Welcome to the MySQL monitor.  Commands end with ; or \g.
Your MySQL connection id is 15
Server version: 5.7.23-0ubuntu0.16.04.1 (Ubuntu)

Copyright (c) 2000, 2018, Oracle and/or its affiliates. All rights reserved.

Oracle is a registered trademark of Oracle Corporation and/or its
affiliates. Other names may be trademarks of their respective
owners.

Type 'help;' or '\h' for help. Type '\c' to clear the current input statement.

mysql> 
```

图 2-19　重新启动 MySQL 服务并进行登录

如果登录时忘记了密码，则需要重新设定密码。首先执行命令“mysqld_safe -user=mysql -skip-grant-tables -skip-networking &”跳过密码验证过程，如图 2-20 所示，进入 MySQL 的命令行模式。

```
bailing@master:~$ mysqld_safe -user=mysql -skip-grant-tables -skip-networking &
[1] 25829
```

图 2-20　跳过密码验证过程

在命令行中执行“UPDATE user SET authentication_string=PASSWORD

刷新权限，如图 2-21 所示。

```
mysql> UPDATE user SET authentication_string=PASSWORD('root') where USER='root';

Query OK, 1 row affected, 1 warning (0.01 sec)
Rows matched: 1  Changed: 1  Warnings: 1

mysql> flush privileges;
Query OK, 0 rows affected (0.01 sec)
```

图 2-21　重置密码并刷新权限

2. 基于 HDFS 和 MySQL 的 Hive 环境搭建

（1）解压 Hive

在系统中，执行命令“cd /Downloads”，进入 Downloads 目录，执行命令“sudo tar –zxvf apache-hive-1.2.1-bin.tar.gz –C /simple/”，把 Downloads 目录中的 Hive 压缩包解压到/simple 目录中，如图 2-22 所示。

```
bailing@slave1:~/Downloads$ sudo tar -zxvf apache-hive-1.2.1-bin.tar.gz -C /simp
le
apache-hive-1.2.1-bin/NOTICE
apache-hive-1.2.1-bin/LICENSE
apache-hive-1.2.1-bin/README.txt
apache-hive-1.2.1-bin/RELEASE_NOTES.txt
apache-hive-1.2.1-bin/examples/files/emp.txt
apache-hive-1.2.1-bin/examples/files/type_evolution.avro
apache-hive-1.2.1-bin/examples/files/extrapolate_stats_partial.txt
apache-hive-1.2.1-bin/examples/files/lineitem.txt
apache-hive-1.2.1-bin/examples/files/dec.txt
apache-hive-1.2.1-bin/examples/files/apache.access.log
apache-hive-1.2.1-bin/examples/files/opencsv-data.txt
apache-hive-1.2.1-bin/examples/files/flights_tiny.txt
```

图 2-22　解压 Hive 压缩包

执行完解压命令之后，在/simple 目录中可以查看到 apache-hive-1.2.1-bin 目录，如图 2-23 所示。

```
bailing@slave1:/simple$ ll
total 24
drwxr-xr-x  5 root root    4096 Aug 24 05:18 ./
drwxr-xr-x 25 root root    4096 Aug 23 06:39 ../
-rw-r--r--  1 root root      13 Aug  1 04:33 a.log
drwxr-xr-x  8 root root    4096 Aug 24 05:18 apache-hive-1.2.1-bin/
drwxr-xr-x  2 root root    4096 Aug  1 04:33 logs/
drwxr-xr-x 10 root bailing 4096 Aug 24 04:53 mysql/
```

图 2-23　查看目录

（2）配置 Hive

解压完 Hive 压缩包后，切换到目录/simple/apache-hive-1.2.1-bin，查看文件列表，如图 2-24 所示。

切换到目录/simple/apache-hive-1.2.1-bin/conf，执行命令“sudo cp hive-env.sh.template hive-env.sh”，以利用配置文件模板复制生成配置文件 hive-env.sh，如图 2-25 所示。

```
bailing@slave1:/simple/apache-hive-1.2.1-bin$ ll
total 484
drwxr-xr-x 8 root root   4096 Aug 24 05:18 ./
drwxr-xr-x 5 root root   4096 Aug 24 05:18 ../
drwxr-xr-x 3 root root   4096 Aug 24 05:18 bin/
drwxr-xr-x 2 root root   4096 Aug 24 05:18 conf/
drwxr-xr-x 4 root root   4096 Aug 24 05:18 examples/
drwxr-xr-x 7 root root   4096 Aug 24 05:18 hcatalog/
drwxr-xr-x 4 root root   4096 Aug 24 05:18 lib/
-rw-rw-r-- 1 root root  24754 Apr 29  2015 LICENSE
-rw-rw-r-- 1 root root    397 Jun 19  2015 NOTICE
-rw-rw-r-- 1 root root   4366 Jun 19  2015 README.txt
-rw-rw-r-- 1 root root 421129 Jun 19  2015 RELEASE_NOTES.txt
drwxr-xr-x 3 root root   4096 Aug 24 05:18 scripts/
```

图 2-24　查看文件列表

```
bailing@slave1:/simple/apache-hive-1.2.1-bin/conf$ sudo cp hive-env.sh.template
hive-env.sh
bailing@slave1:/simple/apache-hive-1.2.1-bin/conf$ ls
beeline-log4j.properties.template  hive-exec-log4j.properties.template
hive-default.xml.template          hive-log4j.properties.template
hive-env.sh                        ivysettings.xml
hive-env.sh.template
bailing@slave1:/simple/apache-hive-1.2.1-bin/conf$ 
```

图 2-25　复制生成配置文件 hive-env.sh

编辑配置文件 hive-env.sh，配置 Hadoop 安装路径，如图 2-26 所示。

```
# appropriate for hive server (hwi etc).


# Set HADOOP_HOME to point to a specific hadoop install directory
 HADOOP_HOME=/opt/hadoop-2.7.1
```

图 2-26　配置 Hadoop 安装路径

切换到目录/simple/apache-hive-1.2.1-bin/conf，执行命令“sudo mv hive-default.xml.template hive-site.xml”，重命名文件为 hive-site.xml，如图 2-27 所示。

```
bailing@slave1:/simple/apache-hive-1.2.1-bin/conf$ sudo mv hive-default.xml.temp
late hive-site.xml
bailing@slave1:/simple/apache-hive-1.2.1-bin/conf$
```

图 2-27　重命名文件

为了方便编辑 hive-site.xml 文件的内容，此操作在本地进行，打开并编辑文件内容（此处为便于操作，建议删除原有文件中的所有内容），如图 2-28 所示。操作结束后，需要对编辑后的文件进行保存操作。

操作结束后，在目录$HIVE_HOME/bin 中，修改文件 hive-config.sh，添加相关内容，如图 2-29 所示。

在终端中执行命令“vim /etc/profile”，查看并编辑 profile 文件的内容，如图 2-30 所示。

```
-->
<configuration>
  <property>
        <name>javax.jdo.option.ConnectionURL</name>
        <value>jdbc:mysql://localhost:3306/myhive?createDatabaseIfNoExist=true</value>
    </property>
    <property>
        <name>javax.jdo.option.ConnectionDriverName</name>
        <value>com.mysql.jdbc.Driver</value>
    </property>
    <property>
        <name>javax.jdo.option.ConnectionUserName</name>
        <value>root</value>
    </property>
    <property>
        <name>javax.jdo.option.ConnectionPassword</name>
        <value>root</value>
    </property>
</configuration>
```

图 2-28　编辑 hive-site.xml 文件的内容

```
# Allow alternate conf dir location.
HIVE_CONF_DIR="${HIVE_CONF_DIR:-$HIVE_HOME/conf}"

export HIVE_CONF_DIR=$HIVE_CONF_DIR
export HIVE_AUX_JARS_PATH=$HIVE_AUX_JARS_PATH

# Default to use 256MB
export HADOOP_HEAPSIZE=${HADOOP_HEAPSIZE:-256}
export JAVA_HOME=/simple/jdk1.8.0-151
export HIVE_HOME/simple/apache-hive-1.2.1-bin
export HADOOP_HOME=/simple/hadoop-2.7.3
                                                      73,39         Bot
```

图 2-29　修改文件 hive-config.sh

```
# enable programmable completion features (you don't need to enable
# this, if it's already enabled in /etc/bash.bashrc and /etc/profile
# sources /etc/bash.bashrc).
if ! shopt -oq posix; then
  if [ -f /usr/share/bash-completion/bash_completion ]; then
    . /usr/share/bash-completion/bash_completion
  elif [ -f /etc/bash_completion ]; then
    . /etc/bash_completion
  fi
fi
export JAVA_HOME=/opt/jdk1.8.0_171
export PATH=$PATH:$JAVA_HOME/bin
export HADOOP_HOME=/opt/hadoop-2.7.1
export PATH=$PATH:$HADOOP_HOME/bin
export PATH=$PATH:$HADOOP_HOME/sbin
export FLUME_HOME=/opt/flume
export PATH=$PATH:$FLUME_HOME/bin
export MYSQL_HOME=/simple/mysql
export PATH=$PATH:$MYSQL_HOME/bin
export HIVE_HOME=/simple/apache-hive-1.2.1-bin
export PATH=$PATH:$HIVE_HOME/bin
-- INSERT --                                            128.33        Bot
```

图 2-30　查看并编辑 profile 文件的内容

执行命令“source /etc/profile”，使该配置文件生效。

配置完环境变量，并使其生效后，执行命令“start-all.sh”，启动 Hadoop 服务，之后执行“./hive”命令，若正确进入 Hive Shell 环境，则表示 Hive 安装配置成功，如图 2-31 所示。

```
bailing@slave1:/opt/hive/bin$ ./hive

Logging initialized using configuration in jar:file:/opt/hive/lib/hive-common-1.2.1.jar!/hive-log4j.properties
hive> 
```

图 2-31　执行"./hive"命令

在测试的过程中有可能产生文件权限问题，对应目录主要有以下两个。

① hdfs://master:9000/tmp1。

② 本地 tmp1。

可以通过命令修改 hdfs tmp1 和本地 tmp1 文件夹的权限，如图 2-32 所示。

```
bailing@slave1:/simple/apache-hive-1.2.1-bin$ hdfs dfs -mkdir /tmp1
bailing@slave1:/simple/apache-hive-1.2.1-bin$ hdfs dfs -chmod 777 /tmp1
bailing@slave1:/simple/apache-hive-1.2.1-bin$ cd conf/
bailing@slave1:/simple/apache-hive-1.2.1-bin/conf$ sudo chmod 777 tmp1
```

图 2-32　修改文件夹的权限

任务 2.2　Hive 操作

任务描述

学习 Hive SQL 基本操作，以及函数、分区表和桶表的操作。

任务目标

（1）熟悉 Hive SQL 的基本操作。

（2）学会 Hive 中分区表和桶表的创建方法。

知识准备

1．创建表

使用 Hive 创建表的语法格式如下。

```
CREATE [TEMPORARY] [EXTERNAL] TABLE [IF NOT EXISTS]
[db_name.]table_name
[(col_name data_type[COMMENT col_comment],...)]
[COMMENT table_comment]
[PARTITIONED BY (col_name data_type(COMMENT col_comment],...)]
```

```
[CLUSTERED BY （col_name,col_name,...)[SORTED BY
(col_name[ASC|DESC],...)] INTO num_buckets BUCKETS]
[SKEWED BY (col_name,col_name,...)]
ON ((col_value,col_value,...),(col_value,col_value,...),...)
[STORED AS DIRECTORIES]
[
[ROW FORMAT row_format]
[STORED AS file_format]
| STORED BY 'store.handler.class.name'[WITH SERDEPROPERTIES(...)]
]
[LOCATION hdfs_path]
[TBLPROPERTIES (property_name=property_value,...)]
[AS select_statement];
```

（1）CREATE TABLE 用于创建一张指定名称的表。如果名称相同的表已经存在，则抛出异常；可以用 IF NOT EXISTS 选项来忽略这个异常。

（2）EXTERNAL 关键字可以让用户创建一个外部表，在创建表的同时指定一个指向实际数据的路径（LOCATION）。Hive 创建内部表时，会将数据移动到数据仓库指向的路径；Hive 创建外部表时，仅记录数据所在的路径，不对数据的位置做任何改变。在删除表的时候，内部表的元数据和数据会被一起删除，而外部表只删除元数据，不删除数据。

（3）Hive 创建表时，会通过定义的 SerDe 或使用 Hive 内置的 SerDe 类型指定数据的序列化和反序列化方式。如果没有指定 ROW FORMAT 或者 ROW FORMAT DELIMITED，则会使用自带的 SerDe。在创建表的时候，还需要为表指定列，在指定列的同时会指定自定义的 SerDe，Hive 通过 SerDe 确定表的具体列的数据。

（4）存储格式指定为 STORED AS SEQUENCEFILE|TEXTFILE|RCFILE。

如果文件数据是纯文本，则可以使用 STORED AS TEXTFILE，也可以使用更高级的存储方式，如 ORC、Parquet 等。

（5）对于每一张表或者分区，Hive 可以进一步组织成桶（Bucket），也就是说，桶是更为细粒度的数据范围划分。Hive 会针对某一列进行桶的组织。Hive 会对列值进行哈希，并根据该哈希值决定某条记录应存储在哪个桶中。

创建内部表的语句如下。

```
create table emp(
empno int,ename string,job string,mgr int,hiredate string,sal
double,comm. double,deptno int)row format delimited fields terminated by '\t';
```

创建外部表的语句如下。

```
create external table emp_external(
empno int,ename string,job string,mgrint ,hiredate string,sal double,comm.
double,deptno int)row format delimited fields terminated by '\t' location
'/hive_external/emp/';
```

创建分区表的语句如下。

```
CREATE TABLE order_partition(
orderNumber STRING,
Event_time STRING
)
PARTITIONED BY (event_month string)
ROW FORMAT DELIMITED FIELDS TERMINATED BY '\t';
```

2. 修改表

Hive 中的修改表操作包括重命名表、添加列、更新列等。

下面对 Hive 中的修改表操作进行说明。

```
//重命名表操作
ALTER TABLE table_name RENAME TO new_table_name
//将 emp 表重命名为 emp_new
ALTER TABLE emp RENAME TO emp_new;
//添加/更新列操作
ALTER TABLE table_name ADD|REPLACE COLUMNS (col_name data_type
[COMMENT col_comment],...)
//创建测试表
create table student(id int,age int,name string) row format delimited fields terminated by
'\t';
//添加一列 address
alter table student add columns(address string);
//更新所有的列
alter table student replace columns(id int,name string);
```

3. 查看 Hive 数据库、表的相关信息

下面对查看 Hive 数据库和表的相关信息的操作进行说明。

```
//查看所有数据库
show databases;
//查看数据库中的表
show tables;
//查看表的所有分区信息
show partitions;
//查看 Hive 支持的所有函数
show functions;
//查看表的信息
desc extended t_name;
//查看更加详细的表信息
desc formatted table_name;
```

4. 使用 LOAD 将 TXT 文件的数据加载到 Hive 表中

LOAD 语法的格式如下。

```
LOAD DATA [LOCAL] INPATH 'filepath' [OVERWRITE] INTO
TABLE tablename [PARTITION (partcol1=val1,partcol2=val2...)]
```

LOAD 操作只是单纯的复制/移动操作，将数据文件移动到 Hive 表对应的位置。filepath 可以是相对路径，也可以是绝对路径。如果指定了 LOCAL 关键字，则 LOAD 命令会查找本地文件系统中的 filepath；如果没有指定 LOCAL 关键字，则根据 INPATH 中的 URI 查找文件，此处需包含模式的完整 URI。如果使用了 OVERWRITE 关键字，则目标表（或分区）中的内容会被删除，并将 filepath 指向的文件/目录中的内容添加到表/分区中。如果目标表（分区）已经有一个文件，并且文件名和 filepath 中的文件名冲突，那么现有的文件会被新文件所覆盖。下面对 LOAD 的相关操作进行说明。

```
//加载本地文件到 Hive 表中
load data local inpath '/home/hadoop/data/emp.txt' into table emp;
//加载 HDFS 文件到 Hive 表中
load data inpath '/data/hive/emp.txt' into table emp;
//overwrite 的使用，加载本地文件到 Hive 表中，会覆盖表中已有的数据
load data local inpath '/home/hadoop/data/emp.txt' overwrite into table emp;
```

```
//overwrite 的使用，加载数据到 Hive 分区表中，会覆盖表中已有的数据
Load data local inpath '/home/hadoop/data/order.txt' overwrite into table order_partition
PARTITION(event_month='2014-05');
```

5. 使用 INSERT 语句将查询结果写入 Hive 表中

INSERT 语法的格式如下。

```
INSERT OVERWRITE TABLE tablename1 [PARTITION
(partcol1=val1,partcol2=val2 ...)] select_statement1 FROM from_statement
```

为测试操作创建如下原始数据表。

```
DROP TABLE order_4_partition;
CREATE TABLE order_4_partition(
orderNumber STRING,
event_time STRING
)
ROW FORMAT DELIMITED FIELDS TERMINATED BY '\t';
load data local inpath '/home/hadoop/data/order.txt' overwrite into table
order_4_partition;
insert overwrite table order_partition partition(event_month='2017-07')select * from
order_4_partition;
```

INSERT 操作实例说明如下。

```
//使用 INSERT 语句将查询结果写入到 Hive 表中
insert into table account select id,age,name from account_tmp;
//复制原表的指定字段
create table emp2 as select empno,ename,job,deptno from emp;
//使用 INSERT 语句将结果写入到 Hive 分区表中
insert into table order_partition partition(event_month='2017-7')
select * from order_4_partition;
```

6. 使用 INSERT 语句将 Hive 表中的数据导出到文件系统中

使用 INSERT 语句将 Hive 表中的数据导出到文件系统中的语法格式如下。

```
INSERT OVERWRITE [LOCAL] DIRECTORY directory1 SELECT ...FROM...
```

操作实例说明如下。

```
//导出数据到本地
INSERT OVERWRITE LOCAL directory '/home/hadoop/hivetmp'
```

```
ROW FORMAT DELIMITED FIELDS TERMINATED BY '\t' LINES
TERMINATED BY '\n'select * from emp;
//导出数据到 HDFS 中
INSERT OVERWRITE directory '/hivetmp/' select * from emp;
```

7. 基本的 SELECT 查询

SELECT 语法的格式如下。

```
SELECT[ALL | DISTINCT]select_expr,select_expr,..
FROM table_reference
[WHERE where_condition]
[GROUP BY col_list [HAVING condition]]
[CLUSTER BY col_list
| [DISTRIBUTE BY col_list] [SORT BY| ORDER BY col_list]
]
[LIMIT number]
```

（1）ORDER BY 会对输入进行全局排序，因此，当只有一个 Reducer 时，会由于输入规模较大而使计算时间较长。

（2）SORT BY 不是全局排序，其在数据进入 Reducer 前完成排序。因此，如果使用 SORT BY 进行排序，并且设置 mapred.reduce.tasks>1，则 SORT BY 只能保证每个 Reducer 的输出是有序的，但是不能保证全局有序。

（3）DISTRIBUTE BY 根据指定的内容将数据分到同一个 Reducer 中。

（4）CLUSTER BY 除了具有 DISTRIBUTE BY 的功能之外，还会对该字段进行排序。

SELECT 操作实例说明如下。

```
//全表查询、指定表字段查询
select * from emp;
select empno,ename from emp;
//条件过滤
select * from emp where deptno=10;
select * from emp where empno>=7500;
select ename,sal from emp where sal between 800 and 1500;
select * from emp limit 4;
select ename,sal,comm from emp where ename in ('SMITH','KING');
```

```
select ename,sal,comm from emp where comm in null;
//查询部门编号为 10 的部门员工数
select count(*) from emp where deptno=10;
//求最高工资、最低工资、工资总和及平均工资
select max(sal),min(sal),sum(sal),avg(sal) from emp;
//求每个部门的平均工资
select deptno,avg(sal) from emp group by deptno;
//求平均工资大于 2000 的部门
select avg(sal),deptno from emp group by deptno having avg(sal)>2000;
```

8. Hive 函数

字符串长度函数为 length，语法格式为 length(string A)，应用实例如下。

```
//返回字符串 A 的长度
select length('abcdefg');
```

字符串反转函数为 reverse，语法格式为 reverse(string A)，应用实例如下。

```
//返回字符串 A 的反转结果
select reverse('abc');
```

字符串连接函数为 concat，语法格式为 concat(string A, string B…)，应用实例如下。

```
//返回输入字符串连接后的结果，支持任意个输入字符串
select concat('abc','def','gh');
```

带分隔符字符串连接函数为 concat_ws，语法格式为 concat_ws(string SEP, string A, string B…)，应用实例如下。

```
//返回输入字符串连接后的结果，SEP 表示各个字符串间的分隔符
select concat_ws(',','abc','def','gh');
```

字符串截取函数为 substr、substring，语法格式为 substr(string A, int start)、substring(string A, int start)，应用实例如下。

```
//返回字符串 A 从 start 位置到结尾的字符串
select substr('abcde',3);
```

返回指定字符个数的字符串截取函数为 substr，语法格式为 substr(string A, int start, int len)，应用实例如下。

```
//返回字符串 A 从 start 位置开始，长度为 len 的字符串
select substr('abcde',3,2);
```

字符串小写字母转换为大写字母的函数为 upper，语法格式为 upper(string A)，应用实例如下。

```
//返回字符串 A 的大写格式
select upper('abSEd');
```

字符串大写字母转换为小写字母的函数为 lower，语法格式为 lower(string A)，应用实例如下。

```
//返回字符串 A 的小写格式
select lower('abSEd');
```

删除字符串两侧空格的函数为 trim，语法格式为 trim(string A)，应用实例如下。

```
//删除字符串两侧的空格
select trim(' abc ');
```

删除字符串左侧空格的函数为 ltrim，语法格式为 ltrim(string A)，应用实例如下。

```
//删除字符串左侧的空格
select ltrim(' abc ');
```

删除字符串右侧空格的函数为 rtrim，语法格式为 rtrim(string A)，应用实例如下。

```
select rtrim(' abc ');
```

正则表达式替换函数为 regexp_replace，语法格式为 regexp_replace(string A,string B,C)，即将字符串 A 中的符合正则表达式 B 的部分替换为 C，应用实例如下。

```
select regexp_replace('foobar', 'oo|ar', '');
```

正则表达式解析函数为 regexp_extract，语法格式为 regexp_extract(string subject, string pattern, int index)，即将字符串 subject 按照正则表达式 pattern 的规则拆分，返回指定的 index 字符，应用实例如下。

```
select regexp_extract('foothebar', 'foo(.*?)(bar)', 1);
```

URL 解析函数为 parse_url，语法格式为 parse_url(string urlString, string partToExtract [,string keyToExtract])，该函数返回 URL 中指定的部分。partToExtract 的有效值为 HOST、PATH、QUERY、REF、PROTOCOL、AUTHORITY、FILE 和 USERINFO，应用实例如下。

```
select parse_url('http://facebook.com/path1/p.php?k1=v1&k2=v2#Ref1', 'HOST') ;
```

JSON 解析函数为 get_json_object，语法格式为 get_json_object(string

json_string, string path)，用于解析字符串 json_string，返回 path 指定的内容；如果输入的 JSON 字符串无效，那么返回 NULL，应用实例如下。

```
select get_json_object('{"store":
> {"fruit":\[{"weight":8,"type":"apple"},{"weight":9,"type":"pear"}],
> "bicycle":{"price":19.95,"color":"red"}
> },
> "email":"amy@only_for_json_udf_test.net",
> "owner":"amy"
> }
> ','$.owner');
```

空格字符串函数为 space，语法格式为 space(int n)，应用实例如下。

```
//返回长度为 10 的空格字符串
select space(10);
```

重复字符串函数为 repeat，语法格式为 repeat(string str, int n)，应用实例如下。

```
//返回重复“abc”5 次后的字符串
select repeat('abc',5);
```

首字符转换为 ASCII 的函数为 ascii，语法格式为 ascii(string str)，用于返回字符串 str 第一个字符的 ASCII，应用实例如下。

```
select ascii('abc');
```

左补足函数为 lpad，语法格式为 lpad(string str, int len, string pad)，用于将 str 用 pad 左补足到 len 位，应用实例如下。

```
select lpad('abc',10,'td');
```

右补足函数为 rpad，语法格式为 rpad(string str, int len, string pad)，用于将 str 用 pad 右补足到 len 位，应用实例如下。

```
select rpad('abc',10,'td');
```

分割字符串函数为 split，语法格式为 split(string str, string pat)，用于按照 pat 字符串分割 str，返回分割后的字符串数组，应用实例如下。

```
select split('abtcdtef','t');
```

集合查找函数为 find_in_set，语法格式为 find_in_set(string str, string strList)，返回 str 在 strList 中第一次出现的位置，strList 是用逗号分割的字符串，如果没有找到 str 字符，则返回 0，应用实例如下。

```
select find_in_set('ab','ef,ab,de');
```

9. 分区表操作

在 Hive 中，SELECT 查询一般会扫描整张表的内容，该操作将会导致查询性能的下降，同时，大部分查询操作实际上只需要扫描表中部分数据，因此，为了解决这个问题，Hive 在创建表时引入了 partition 概念。Hive 中分区表指的是在创建表时指定的 partition 的分区空间。

Hive 可以将数据按照某列或者某些列进行分区管理。目前互联网应用每天都要存储大量的日志文件，其中存储日志必然会产生日期的属性，因此，在产生分区时，可以按照产生日志的日期列进行划分，把每天的日志当作一个分区。

Hive 将数据组织成分区，主要是为了提高数据的查询速度。而每一条记录到底存储到哪个分区中是由用户决定的，即用户在加载数据的时候必须显式地指定该部分数据存储到哪个分区中。

假设在 Hive 创建的表中存在 id、content、d_date、d_time 4 列，其创建分区表的操作如下。

在表定义时创建单分区表，按数据产生的日期属性进行分区，实例如下。

```
create table day_table (id int, content string，d_time string) partitioned by (d_date string);
```

在表定义时创建双分区表，按数据产生的日期和时间属性进行分区，实例如下。

```
create table day_hour_table (id int, content string) partitioned by (d_date string, d_time string);
```

如果表已创建，则可以在此基础上添加分区，语法格式如下。

```
ALTER TABLE table_name ADD partition_spec [ LOCATION 'location1' ]
partition_spec [ LOCATION 'location2' ] ...
```

如果分区已经存在，则可以对分区进行删除操作，语法格式如下。

```
ALTER TABLE table_name DROP partition_spec, partition_spec,...
```

将数据加载到分区表中的语法格式如下。

```
LOAD DATA [LOCAL] INPATH 'filepath' [OVERWRITE] INTO TABLE
tablename [PARTITION (partcol1=val1, partcol2=val2 ...)]
```

查看分区操作的语法格式如下。

```
show partitions table_name;
```

10. 分桶操作

Hive 会根据列的哈希值进行桶的组织。因此，可以说分区表是数据粗粒度的划分，而分桶操作是数据细粒度的划分。当数据量较大时，为提高分析与计算速度，势必需要采用多个 Map 和 Reduce 进程来加快数据的处理。但是如果输入文件只有一个，Map 任务就只能启动一个。此时，对数据进行分桶操作将会是一个很好的选择，即通过指定 CLUSTERED 的字段，将文件通过计算列的哈希值分别分割成多个小文件，从而增加 Map 任务，以提高数据分析与计算的速度。

把表（或分区）组织成桶的操作如下。

```
create table t_buck(id int, name string)clustered by(id)
sorted by(id)into 4 buckets
row format delimited
fields terminated by ',';
```

向这种带桶的表中导入数据有以下两种方式。

（1）将外部生成的数据导入桶中。

这种方式不会自动分桶，如果导入数据的表没有进行分桶操作，则需要对导入数据的表提前进行分桶操作。

```
LOAD DATA LOCAL INPATH '/home/hadoop/user.dat' INTO TABLE t_user_buck;
```

（2）向已创建的分桶表中插入数据。

插入数据的表需要是已分桶且排序的表。执行 INSERT 语句前不要忘记设置 hive.enforce.bucketing = true，以强制采用多个 Reduce 进行输出。

```
insert overwrite table t_buck select id,name from t_buck_from cluster by(id);
```

分桶操作需要注意以下几点。

（1）ORDER BY 操作会对输入进行全局排序，只有一个 Reducer，因此，当输入规模较大时，计算性能会降低。

（2）SORT BY 操作不是全局排序，其在数据进入 Reducer 前完成排序。因此，如果用 SORT BY 进行排序，并且设置 mapred.reduce.tasks>1，则 SORT BY 只保证每个 Reducer 的输出有序，不保证全局有序。

（3）DISTRIBUTE BY 操作将根据指定的字段将数据分到不同的 Reducer 中，且分发算法是 Hash 算法。

（4）CLUSTER BY 操作除了具有 DISTRIBUTE BY 操作的功能之外，还会对该字段进行排序。

（5）创建分桶并不意味着 LOAD 操作导入的数据也是分桶的，因此，必须先进行分桶操作，再进行 LOAD 操作。

任务实施

Hadoop 和 Hive 的环境已经搭建好，下面进行查询测试。为了清楚地对比 MySQL 与 Hive 在不同数据量下的性能，该测试分为两部分进行。

测试数据量设定为 50 000 行（测试中可以根据实际情况进行设定），具体测试过程如下。

1. MySQL 数据查询与数据提取

下面是测试用表，对应的数据库为 bus_station，数据表为 bus，查询数据库，如图 2-33 所示。

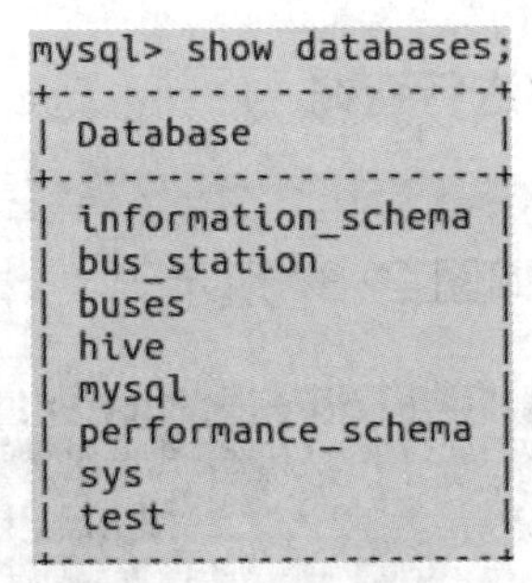

```
mysql> show databases;
+--------------------+
| Database           |
+--------------------+
| information_schema |
| bus_station        |
| buses              |
| hive               |
| mysql              |
| performance_schema |
| sys                |
| test               |
+--------------------+
```

图 2-33　查询数据库

（1）在 MySQL 中使用“select * from bus”命令进行测试，查询数据，如图 2-34 所示。

```
|  96610 | 139586 | 2016-03-01-19:41:42 |     2 |   1 |   8 |  214 |
|  96610 | 139586 | 2016-03-01-19:41:42 |     2 |   1 |   8 |  214 |
|  96610 | 139586 | 2016-03-01-19:41:42 |     2 |   1 |   8 |  214 |
|  91508 | 139586 | 2016-03-01-23:31:38 |     2 |   1 |   8 |  214 |
| 101754 | 139586 | 2016-03-01-20:34:37 |     2 |   1 |   8 |  214 |
| 101754 | 139586 | 2016-03-01-20:34:37 |     2 |   1 |   8 |  214 |
| 101270 | 139586 | 2016-03-01-11:53:01 |     2 |   1 |   8 |  214 |
| 101270 | 139586 | 2016-03-01-11:53:01 |     2 |   1 |   8 |  214 |
| 101270 |  40399 | 2016-03-01-11:54:19 |     2 |   1 |   8 |  214 |
|  81085 |  40399 | 2016-03-01-09:14:20 |     2 |   1 |   8 |  214 |
|  81085 |  40399 | 2016-03-01-09:14:20 |     2 |   1 |   8 |  214 |
|  92531 |  40399 | 2016-03-01-08:28:29 |     2 |   1 |   8 |  214 |
|  92531 |  40399 | 2016-03-01-23:30:22 |     2 |   1 |   8 |  214 |
|  92531 |  40399 | 2016-03-01-08:28:29 |     2 |   1 |   8 |  214 |
|  92531 |  40399 | 2016-03-01-23:30:22 |     2 |   1 |   8 |  214 |
| 101270 |  40399 | 2016-03-01-11:54:19 |     2 |   1 |   8 |  214 |
|  29723 |  40399 | 2016-03-01-15:13:03 |     2 |   1 |   8 |  214 |
|  48193 |  40399 | 2016-03-01-15:20:54 |     2 |   1 |   8 |  214 |
|  52968 |  40399 | 2016-03-01-14:48:53 |     2 |   1 |   8 |  214 |
|  52084 |  40399 | 2016-03-01-21:37:05 |     2 |   1 |   8 |  214 |
|  48193 |  40399 | 2016-03-01-11:59:16 |     2 |   1 |   8 |  214 |
+--------+--------+---------------------+-------+-----+-----+------+
50000 rows in set (0.12 sec)

mysql>
```

图 2-34　查询数据

（2）将表 bus 中的数据导出到文件中（文件扩展名为.csv），如图 2-35 所示。

```
mysql> select * from bus into outfile '/var/lib/mysql-files/JData_Action_201604.
csv' fields terminated by ',' optionally enclosed by '"' escaped by '"' lines te
rminated by '\r\n';
Query OK, 1048575 rows affected (0.72 sec)

mysql> 
```

图 2-35　将表 bus 中的数据导出到文件中

（3）查看生成的数据文件，如图 2-36 所示。

```
bailing@master:/var/lib/mysql-files$ ll
total 1089696
drwxrwxrwx  2 mysql mysql       4096 Aug 25 07:46 ./
drwxr-xr-x 73 root  root        4096 Jul 19 20:05 ../
-rw-r--r--  1 root  root  1115835061 Aug 23 08:36 JData_Action_201603.csv
```

图 2-36　查看生成的数据文件

2. 向 Hive 中导入数据并进行查询

（1）在 Hive 中创建表。

在 Hive 中创建表 bus2，如图 2-37 所示。

```
hive (bus_station)> create table bus2(user_id int,sku_id int,time string,model_i
d int,type int,cate int,brand int)row format delimited fields terminated by ',';

OK
Time taken: 0.455 seconds
```

图 2-37　在 Hive 中创建表 bus2

（2）导入数据。

将数据文件 JData_Action_201604.csv 导入到 Hive 的表 bus2 中，如图 2-38 所示。

```
hive (bus_station)> load data local inpath '/home/bailing/JData_Action_201604.cs
v' into table bus2;
Loading data to table bus_station.bus2
Table bus_station.bus2 stats: [numFiles=1, totalSize=1115835016]
OK
Time taken: 30.552 seconds
```

图 2-38　导入数据

当数据被加载到表中时，不会对数据进行任何转换。LOAD 操作只是将数据复制到 Hive 表对应的位置，这个表只有一个文件，文件没有被分割成多份。

在 HDFS 中查看生成的文件，如图 2-39 所示。

```
hive (bus_station)> dfs -ls /user/hive/warehouse/bus_station.db/bus2;
Found 1 items
-rwxrwxr-x   3 bailing supergroup 1115835016 2018-08-23 19:24 /user/hive/warehou
se/bus_station.db/bus2/JData_Action_201604.csv
```

图 2-39　在 HDFS 中查看生成的文件

（3）执行查询。

当前为 50 000 行数据的文件，使用 Hive 执行简单查询，命令如下，结果如图 2-40 所示，可见其只花费了 0.204s。

```
select * from bus2
```

```
54473   63846   2016-03-01 21:14:20     NULL    2       5       375
63440   63846   2016-03-01 09:32:33     NULL    1       5       375
63440   63846   2016-03-01 09:33:41     NULL    1       5       375
63440   63846   2016-03-01 12:58:51     NULL    1       5       375
63440   63846   2016-03-01 12:46:11     NULL    1       5       375
63440   63846   2016-03-01 09:32:33     NULL    1       5       375
63440   63846   2016-03-01 09:34:27     NULL    1       5       375
63440   63846   2016-03-01 09:34:57     NULL    1       5       375
63440   63846   2016-03-01 09:34:57     NULL    1       5       375
63440   63846   2016-03-01 09:33:41     NULL    1       5       375
68176   63846   2016-03-01 23:07:17     NULL    1       5       375
63440   63846   2016-03-01 09:33:51     NULL    2       5       375
63440   63846   2016-03-01 12:58:51     NULL    1       5       375
63440   63846   2016-03-01 13:00:25     NULL    1       5       375
54473   63846   2016-03-01 21:14:27     NULL    1       5       375
54473   63846   2016-03-01 21:12:24     NULL    1       5       375
Time taken: 0.204 seconds, Fetched: 50000 row(s)
hive>
```

图 2-40　使用 Hive 执行简单查询

3. 优化导入过程

在优化导入操作中，通过指定 CLUSTERED 字段，将文件通过 Hash 算法分割成多个小文件。这里设置 8 个桶，它会为数据提供额外的结构以获得更快的查询速度。

（1）新建表 bus3，如图 2-41 所示。

```
hive (bus_station)> create table bus3(
                  > sku_id int,
                  > time string,
                  > model_id int,
                  > type int,
                  > cate int,
                  > brand int
                  > ) PARTITIONED BY (user_id int)
                  > CLUSTERED BY(sku_id) SORTED BY(sku_id) INTO 8 BUCKETS
                  > ROW FORMAT DELIMITED FIELDS TERMINATED BY ',';
OK
Time taken: 0.148 seconds
```

图 2-41　新建表 bus3

（2）从表 bus2 中将数据导入到表 bus3 中。

① 强制执行装桶的操作，如图 2-42 所示。

```
hive (bus_station)> set hive.enforce.bucketing = true;
```

图 2-42　强制执行装桶的操作

② 导入数据。

```
FROM bus2 insert overwrite table bus3 partition (user_id=9112)
```

```
selectsku_id,time,model_id,type,cate,brand
where user_id = 9112;
```

将表 bus2 中的数据导入列表 bus3 中的操作结果如图 2-43 所示。

```
Ended Job = job_local1162338199_0002
Stage-4 is filtered out by condition resolver.
Stage-3 is selected by condition resolver.
Stage-5 is filtered out by condition resolver.
Launching Job 3 out of 3
Number of reduce tasks is set to 0 since there's no reduce operator
Job running in-process (local Hadoop)
2018-09-02 11:22:01,961 Stage-3 map = 0%,  reduce = 0%
2018-09-02 11:22:02,966 Stage-3 map = 100%,  reduce = 0%
Ended Job = job_local526146802_0003
Loading data to table bus_station.bus3 partition (user_id=9112)
Partition bus_station.bus3{user_id=9112} stats: [numFiles=1, numRows=1605, totalSize=59598, rawDataSize=57993]
MapReduce Jobs Launched:
Stage-Stage-1:  HDFS Read: 9379643184 HDFS Write: 5579457494 SUCCESS
Stage-Stage-3:  HDFS Read: 2231795166 HDFS Write: 1115954650 SUCCESS
Total MapReduce CPU Time Spent: 0 msec
OK
Time taken: 63.655 seconds
```

图 2-43　将表 bus2 中的数据导入到表 bus3 中的操作结果

（3）查看文件是否被分桶。

从 Hadoop 集群的文件系统 Web 页面中查看所创建的文件分桶，如图 2-44 所示。

Browse Directory

/user/hive/warehouse/bus_station.db/bus3　Go!

Permission	Owner	Group	Size	Last Modified	Replication	Block Size	Name
drwxr-xr-x	zhangwei	supergroup	0 B	2018/9/2 下午3:57:51	0	0 B	user_id=100888
drwxr-xr-x	zhangwei	supergroup	0 B	2018/9/2 下午4:11:47	0	0 B	user_id=103279
drwxr-xr-x	zhangwei	supergroup	0 B	2018/9/2 下午12:04:52	0	0 B	user_id=15424
drwxr-xr-x	zhangwei	supergroup	0 B	2018/9/2 下午12:07:42	0	0 B	user_id=1786
drwxr-xr-x	zhangwei	supergroup	0 B	2018/9/2 下午12:13:37	0	0 B	user_id=25465
drwxr-xr-x	zhangwei	supergroup	0 B	2018/9/2 下午4:09:43	0	0 B	user_id=26759
drwxr-xr-x	zhangwei	supergroup	0 B	2018/9/2 下午4:02:13	0	0 B	user_id=29676
drwxr-xr-x	zhangwei	supergroup	0 B	2018/9/2 下午3:59:18	0	0 B	user_id=30118
drwxr-xr-x	zhangwei	supergroup	0 B	2018/9/2 下午12:09:11	0	0 B	user_id=31209
drwxr-xr-x	zhangwei	supergroup	0 B	2018/9/2 下午12:10:41	0	0 B	user_id=42805
drwxr-xr-x	zhangwei	supergroup	0 B	2018/9/2 下午12:01:34	0	0 B	user_id=83131
drwxr-xr-x	zhangwei	supergroup	0 B	2018/9/2 下午4:00:54	0	0 B	user_id=85155
drwxr-xr-x	zhangwei	supergroup	0 B	2018/9/2 上午11:22:05	0	0 B	user_id=9112
drwxr-xr-x	zhangwei	supergroup	0 B	2018/9/2 下午3:56:23	0	0 B	user_id=99767

图 2-44　在 Web 页面中查看所创建的文件分桶

在命令行中查看文件分桶，如图 2-45 所示。

```
hive> dfs -ls /user/hive/warehouse/bus_station.db/bus3;
Found 14 items
drwxr-xr-x   - zhangwei supergroup          0 2018-09-02 15:57 /user/hive/warehouse/bus_station.db/bus3/user_id=10
0888
drwxr-xr-x   - zhangwei supergroup          0 2018-09-02 16:11 /user/hive/warehouse/bus_station.db/bus3/user_id=10
3279
drwxr-xr-x   - zhangwei supergroup          0 2018-09-02 12:04 /user/hive/warehouse/bus_station.db/bus3/user_id=15
424
drwxr-xr-x   - zhangwei supergroup          0 2018-09-02 12:07 /user/hive/warehouse/bus_station.db/bus3/user_id=17
86
drwxr-xr-x   - zhangwei supergroup          0 2018-09-02 12:13 /user/hive/warehouse/bus_station.db/bus3/user_id=25
465
drwxr-xr-x   - zhangwei supergroup          0 2018-09-02 16:09 /user/hive/warehouse/bus_station.db/bus3/user_id=26
759
drwxr-xr-x   - zhangwei supergroup          0 2018-09-02 16:02 /user/hive/warehouse/bus_station.db/bus3/user_id=29
676
drwxr-xr-x   - zhangwei supergroup          0 2018-09-02 15:59 /user/hive/warehouse/bus_station.db/bus3/user_id=30
118
drwxr-xr-x   - zhangwei supergroup          0 2018-09-02 12:09 /user/hive/warehouse/bus_station.db/bus3/user_id=31
209
drwxr-xr-x   - zhangwei supergroup          0 2018-09-02 12:10 /user/hive/warehouse/bus_station.db/bus3/user_id=42
805
drwxr-xr-x   - zhangwei supergroup          0 2018-09-02 12:01 /user/hive/warehouse/bus_station.db/bus3/user_id=83
131
drwxr-xr-x   - zhangwei supergroup          0 2018-09-02 16:00 /user/hive/warehouse/bus_station.db/bus3/user_id=85
155
drwxr-xr-x   - zhangwei supergroup          0 2018-09-02 11:22 /user/hive/warehouse/bus_station.db/bus3/user_id=91
12
drwxr-xr-x   - zhangwei supergroup          0 2018-09-02 15:56 /user/hive/warehouse/bus_station.db/bus3/user_id=99
767
```

图 2-45　在命令行中查看文件分桶

（4）执行查询。

在 Hive 中执行“select * from bus3”命令，执行结果如图 2-46 所示。

```
97611   63846   2016-03-01 09:57:38     NULL    1       5       375
86342   63846   2016-03-01 09:51:55     NULL    1       5       375
97611   63846   2016-03-01 09:57:38     NULL    1       5       375
86346   63846   2016-03-01 15:03:38     NULL    1       5       375
86346   63846   2016-03-01 15:03:38     NULL    1       5       375
63440   63846   2016-03-01 12:46:11     NULL    1       5       375
54473   63846   2016-03-01 21:14:20     NULL    2       5       375
63440   63846   2016-03-01 09:32:33     NULL    1       5       375
63440   63846   2016-03-01 09:33:41     NULL    1       5       375
63440   63846   2016-03-01 12:58:51     NULL    1       5       375
63440   63846   2016-03-01 12:46:11     NULL    1       5       375
63440   63846   2016-03-01 09:32:33     NULL    1       5       375
63440   63846   2016-03-01 09:34:27     NULL    1       5       375
63440   63846   2016-03-01 09:34:57     NULL    1       5       375
63440   63846   2016-03-01 09:34:57     NULL    1       5       375
63440   63846   2016-03-01 09:33:41     NULL    1       5       375
68176   63846   2016-03-01 23:07:17     NULL    1       5       375
63440   63846   2016-03-01 09:33:51     NULL    2       5       375
63440   63846   2016-03-01 12:58:51     NULL    1       5       375
63440   63846   2016-03-01 13:00:25     NULL    1       5       375
54473   63846   2016-03-01 21:14:27     NULL    1       5       375
54473   63846   2016-03-01 21:12:24     NULL    1       5       375
Time taken: 0.095 seconds, Fetched: 50000 row(s)
hive>
```

图 2-46　执行结果

在前面的操作中，使用的测试数据为 50 000 行，测试结果为用 MySQL 查询大概需要 0.12s，用 Hive 优化前同样的查询大概需要 0.204s，用 Hive 优化后同样的查询大概需要 0.095s。由此可见，在小数据量的情况下，完成同样的查询操作，Hive

与 MySQL 相比，并没有体现出性能的优势。下面采用大量数据（数据量为 7GB，约 2 600 万行）进行操作对比。

测试数据量设定为 7GB，约为 2 600 万行数据（测试中可以根据实际进行设定，数据量越大越好），具体测试过程如上所述，测试结果如下。

（1）MySQL 查询结果。

MySQL 查询结果如图 2-47 所示，长时间等待也无返回结果。

```
mysql> select sku_id,user_id,count from (select sku_id ,9112 from bus_9112 where
 brand > 100 group by sku_id,user_id union select sku_id 99767, from bus_99767 w
here brand > 100 group by sku_id,user_id union union select sku_id 100888, from
bus_100888 where brand > 100 group by sku_id,user_id union select sku_id 30018,
from bus_30018 where brand > 100 group by sku_id,user_id union select sku_id 851
55, from bus_85155 where brand > 100 group by sku_id,user_id union select sku_id
 29676, from bus_29676 where brand > 100 group by sku_id,user_id ) limit 10;
```

图 2-47　MySQL 查询结果

（2）Hive 优化前查询结果。

在 Hive 中执行“select * from bus3”命令，Hive 优化前查询结果如图 2-48 所示。

```
77609   159674  2016-03-10 23:01:36     NULL    1       4       36
78604   159674  2016-03-10 22:20:16     NULL    1       4       36
66445   159674  2016-03-10 21:05:12     NULL    1       4       36
35882   159674  2016-03-10 22:32:10     NULL    1       4       36
35882   159674  2016-03-10 22:33:11     NULL    1       4       36
22512   159674  2016-03-10 17:06:45     NULL    1       4       36
22512   159674  2016-03-10 17:06:45     NULL    1       4       36
35882   159674  2016-03-10 22:32:10     NULL    1       4       36
35882   159674  2016-03-10 22:33:11     NULL    1       4       36
15899   159674  2016-03-10 16:29:07     NULL    1       4       36
22604   159674  2016-03-10 23:15:21     NULL    1       4       36
22604   159674  2016-03-10 23:15:21     NULL    1       4       36
19500   159674  2016-03-10 21:14:07     NULL    1       4       36
53531   159674  2016-03-10 21:31:20     NULL    1       4       36
53531   159674  2016-03-10 21:31:20     NULL    1       4       36
53531   159674  2016-03-10 22:13:34     NULL    1       4       36
53531   159674  2016-03-10 21:31:50     NULL    1       4       36
53531   159674  2016-03-10 22:13:34     NULL    1       4       36
53531   159674  2016-03-10 21:31:50     NULL    1       4       36
70593   10223   2016-03-10 11:56:07     NULL    1       8       214
53008   61158   2016-03-10 17:05:21     NULL    1       8       214
53008   61158   2016-03-10 17:05:21     NULL    1       8       214
Time taken: 56.338 seconds, Fetched: 26336027 row(s)
```

图 2-48　Hive 优化前查询结果

（3）Hive 优化后查询。

Hive 优化后的查询命令如下。

```
select sku_id,user_id,count(1) from bus3 where user_id in (9112,83131,15424,1786,31
204,42805,25465)and brand > 100 group by sku_id,user_id;
```

执行数据查询操作，Hive 优化后查询结果如图 2-49 所示。

```
63067   32876   2016-03-10 10:48:45     NULL    1       4       885
63067   32876   2016-03-10 11:00:53     NULL    1       4       885
63067   32876   2016-03-10 10:35:01     NULL    1       4       885
63067   32876   2016-03-10 10:45:44     NULL    1       4       885
60747   32876   2016-03-10 18:27:31     NULL    1       4       885
23083   32876   2016-03-10 22:43:12     NULL    1       4       885
23083   32876   2016-03-10 22:43:12     NULL    1       4       885
75119   32876   2016-03-10 12:12:18     NULL    1       4       885
75119   32876   2016-03-10 12:11:17     NULL    1       4       885
40493   32876   2016-03-10 22:56:02     NULL    1       4       885
40493   32876   2016-03-10 22:56:38     NULL    1       4       885
87741   32876   2016-03-10 03:29:22     NULL    1       4       885
87741   32876   2016-03-10 03:29:22     NULL    1       4       885
87741   32876   2016-03-10 03:29:22     NULL    1       4       885
87741   32876   2016-03-10 03:29:22     NULL    1       4       885
93432   32876   2016-03-10 22:28:50     NULL    1       4       885
75119   32876   2016-03-10 12:06:28     NULL    2       4       885
50197   32876   2016-03-10 12:25:44     NULL    2       4       885
50197   32876   2016-03-10 12:26:13     NULL    1       4       885
50197   32876   2016-03-10 12:32:10     NULL    1       4       885
50197   32876   2016-03-10 12:32:10     NULL    1       4       885
50197   32876   2016-03-10 12:39:33     NULL    1       4       885
Time taken: 0.112 seconds, Fetched: 236543 row(s)
hive>
```

图 2-49　Hive 优化后查询结果

由前面的测试可以看出，在大数据量的情况下，完成同样的查询操作，Hive 与 MySQL 相比，性能优势比较明显。Hive 对以 GB 为单位量级的数据增长是不敏感的，而 MySQL 数据量增长到 7GB 时，其查询时间较长，需要通过各种优化程序来完成查询。

项目 3
ZooKeeper环境搭建与基本操作

学习目标

【知识目标】

① 了解 ZooKeeper 的功能。

② 识记 ZooKeeper 与 Hadoop 各组件的功能与联系。

【技能目标】

① 学会 ZooKeeper 集群的搭建与配置。

② 学会 ZooKeeper 节点管理的相关命令。

项目描述

ZooKeeper 作为一个分布式的服务框架，主要用来解决分布式集群中应用系统一致性的问题。它能提供基于类似于文件系统的目录节点树方式的数据存储，主要用来维护和监控存储数据的状态变化，通过监控这些数据状态的变化，实现基于数据的集群管理。

本项目主要完成 ZooKeeper 的安装与配置，并学习 ZooKeeper 节点管理相关基本操作。

任务 3.1 ZooKeeper 的安装与配置

任务描述

（1）学习 ZooKeeper 的相关技术知识，了解 ZooKeeper 在分布式管理上的优势。

（2）完成 ZooKeeper 3 种模式的安装与配置。

任务目标

（1）熟悉 ZooKeeper 的功能。

（2）学会 ZooKeeper 的安装与配置。

知识准备

ZooKeeper 是一个开源的分布式协调服务，由雅虎公司创建，是 Google Chubby 的开源实现。分布式应用程序可以基于 ZooKeeper 实现诸如数据发布/订阅、负载均衡、命名服务、分布式协调/通知、集群管理、Master 选举、分布式锁和分布式队列等功能。在分布式环境中，协调和管理服务是一个复杂的过程。ZooKeeper 通过其简单的架构和 API 解决了这个问题。ZooKeeper 允许开发人员专注于核心应用程序逻辑，而不必担心应用程序的分布式特性。

1. 分布式应用

在进一步深入学习之前，先了解一下关于分布式应用的优点和面临的问题，这有利于理解 ZooKeeper 的优势。

分布式应用可以在给定时间内同时在网络中的多个系统上运行，通过协调它们，可以快速有效地完成特定任务。通常来说，对于复杂而耗时的任务，非分布式应用（运行在单个系统中）需要较长时间才能完成，而分布式应用通过使用多个系统的计算能力可以在短时间内完成。

通过将分布式应用配置在更多系统上运行，可以进一步减少完成任务的时间。分布式应用正在运行的一组系统称为集群，而在集群中运行的每台机器都被称为节点。

分布式应用有两部分：服务器（Server）和客户端（Client）应用程序。服务器应用程序实际上是分布式的，并具有通用接口，以便客户端连接到集群中的任意服务器上并获得相同的结果。客户端应用程序是与分布式应用进行交互的工具。ZooKeeper 应用范例如图 3-1 所示。

分布式应用具有很多优点，诸如单个或几个系统的故障不会使整个系统出现故障等。其可以在需要时提高系统性能，通过添加更多机器，在应用程序配置中进行微小的更改，而不用停止整个系统的执行。这样可以隐藏系统的复杂性，并将其显示为单个实体/应用程序。

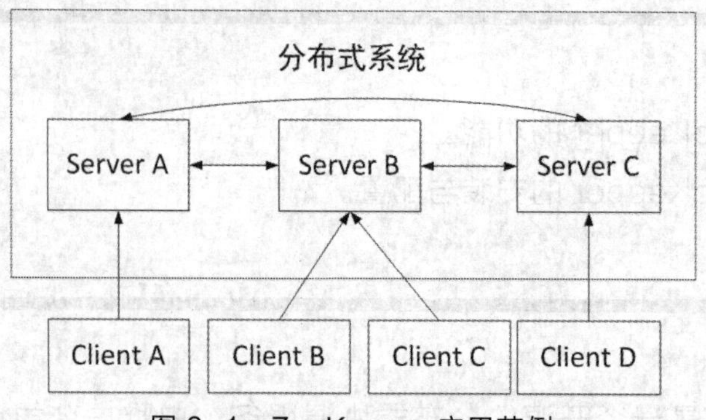

图 3-1 ZooKeeper 应用范例

同时，分布式应用也面临着诸多挑战，诸如两个或多个机器尝试执行特定任务，共享资源只能在任意给定时间内由单个机器修改而引发的竞争条件设定问题；可能引发两个或多个操作无限期等待彼此完成操作的死锁问题；以及数据操作的部分失败导致数据的不一致性。

分布式应用程序带来了很多好处，但它们也抛出了一些复杂和难以解决的挑战。ZooKeeper 框架提供了一个完整的机制来克服所有的挑战，竞争条件设定和死锁问题通过安全同步方法进行规避，数据的不一致性通过 ZooKeeper 使用原子性解析来应对。ZooKeeper 是由集群（节点组）使用的一种服务，用于在自身之间进行协调，并通过稳健的同步技术维护共享数据。ZooKeeper 本身是一个分布式应用程序，为写入分布式应用程序提供服务。ZooKeeper 提供的常见服务如下。

（1）命名服务：该服务按名称标识集群中的节点。它类似于 DNS，但仅应用于节点。

（2）配置管理：该服务可以加入节点最近的和最新的系统配置信息。

（3）集群管理：该服务实时地在集群和节点状态中加入/离开节点。

（4）选举算法：该服务选举一个节点作为协调目的的 Leader。

（5）锁定和同步服务：该服务在修改数据的同时锁定数据。此机制可帮助用户在连接其他分布式应用程序（如 Apache HBase）时自动进行故障恢复。

（6）高度可靠的数据注册表：其能保证在一个或几个节点关闭时仍可获得数据。

2. ZooKeeper 的基本概念

（1）ZooKeeper 的架构。

ZooKeeper 的架构如图 3-2 所示。

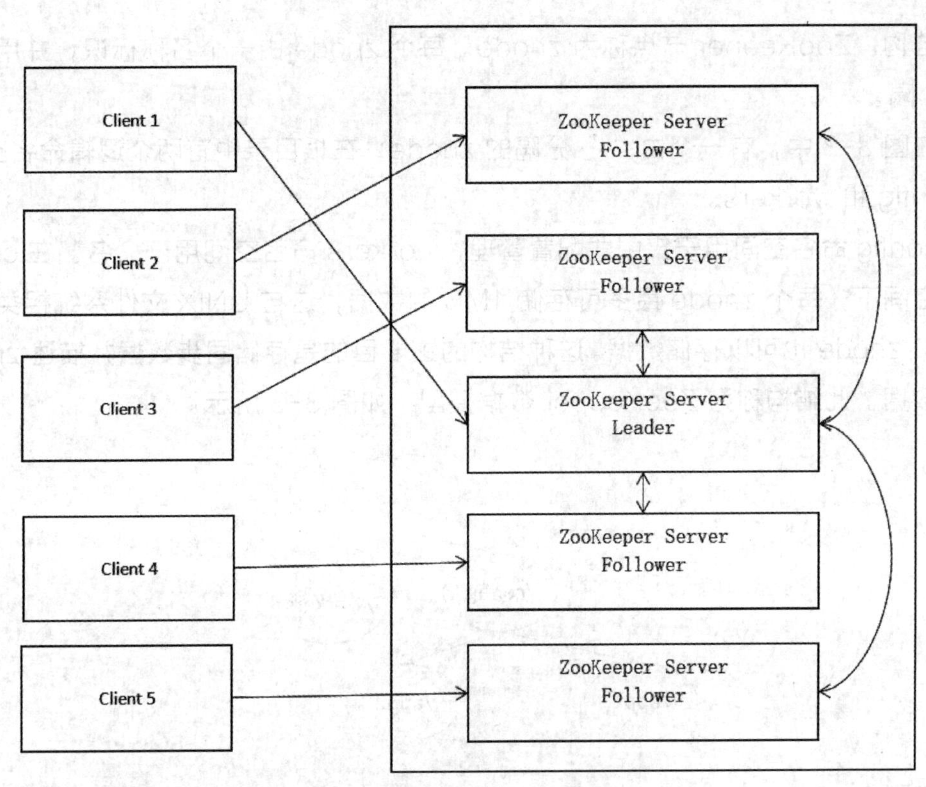

图 3-2 ZooKeeper 的架构

ZooKeeper 中的组件如表 3-1 所示。

表 3-1 ZooKeeper 中的组件

部分	描述
Client（客户端）	客户端是分布式应用集群中的一个节点，从服务器访问信息。对于特定的时间间隔，每个客户端都向服务器发送消息，以告知服务器客户端是活跃的。类似地，当客户端连接时，服务器发送确认码，如果连接的服务器没有响应，则客户端会自动将消息重定向到另一个服务器
Server（服务器）	服务器是 ZooKeeper 总体中的一个节点，为客户端提供所有的服务。服务器向客户端发送确认码，以告知客户端服务器是活跃的
Ensemble	ZooKeeper 的服务器组，形成 Ensemble 所需的最小节点数为 3
Leader	服务器节点，如果任意连接的节点失败，则执行自动恢复功能。Leader 在服务启动时被选举
Follower	跟随 Leader 指令的服务器节点

（2）层次命名空间。

图 3-3 描述了用于内存表示的 ZooKeeper 文件系统的树结构，即 ZooKeeper

数据结构。ZooKeeper 节点称为 znode。每个 znode 由一个名称标识，并用路径（/）分隔。

在图 3-3 中，有一个由“/”分隔的 znode；在根目录中有两个逻辑命名空间，即 config 和 workers。

config 命名空间用于集中式配置管理，workers 命名空间用于命名。在 config 命名空间下，每个 znode 最多可存储 1MB 的数据，这与 UNIX 文件系统相类似，此外父 znode 也可以存储数据。这种结构的主要目的是存储同步数据并描述 znode 的元数据。此结构称为 ZooKeeper 数据模型，如图 3-3 所示。

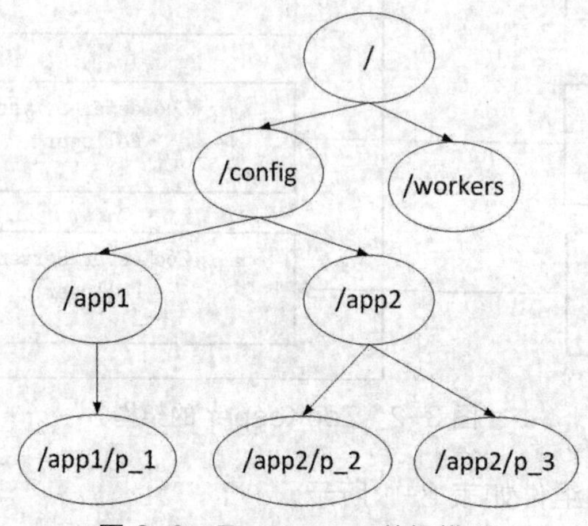

图 3-3　ZooKeeper 数据模型

ZooKeeper 数据模型中的每个 znode 都维护着一个 stat 结构。一个 stat 仅提供一个 znode 的元数据。它由版本号、操作控制列表、时间戳和数据长度组成。

① 版本号：每个 znode 都有版本号，这意味着当与 znode 相关联的数据发生变化时，其对应的版本号也会增加。当多个 ZooKeeper 客户端尝试在同一 znode 上执行操作时，版本号的使用就很重要了。

② 操作控制列表：其基本上是访问 znode 的认证机制，管理着所有 znode 读取和写入操作。

③ 时间戳：时间戳表示创建和修改 znode 所经过的时间。它通常以毫秒为单位。ZooKeeper 用事务 ID（zxid）标示 znode 的每次更改。zxid 是唯一的，并且为每个事务保留时间，以便可以轻松地确定从一个请求到另一个请求所经过的时间。

④ 数据长度：存储在 znode 中的数据的总量是数据长度，每个 znode 最多可以存储 1MB 的数据。

（3）znode 的类型。

znode 被分为持久（persistent）节点、临时（ephemeral）节点和顺序（sequential）节点。

① 持久节点：即使在创建该特定 znode 的客户端断开连接后，持久节点仍然存在。默认情况下，所有 znode 都是持久节点。

② 临时节点：客户端活跃时，临时节点就是有效的。当客户端与 ZooKeeper 集群断开连接时，临时节点会自动删除。因此，临时节点不允许有子节点。如果临时节点被删除，则下一个合适的节点将填充其位置。临时节点在 Leader 选举中起到了重要作用。

③ 顺序节点：顺序节点可以是持久的或临时的。当一个新的 znode 被创建为一个顺序节点时，ZooKeeper 将把一个 10 位的序列附加到原始名称后以设置 znode 的路径。例如，将具有路径/myapp 的 znode 创建为顺序节点，则 ZooKeeper 会将路径更改为/myapp0000000001，并将下一个序列号设置为 0000000002。如果两个顺序节点是同时创建的，那么 ZooKeeper 将对每个 znode 使用不同的数字序列。顺序节点在锁定和同步中起到了重要作用。

（4）会话。

会话（Sessions）对于 ZooKeeper 的操作非常重要。会话中的请求按先入先出（First In First Out，FIFO）顺序执行。一旦客户端连接到服务器，就建立会话并向客户端分配会话 ID。

客户端以特定的时间间隔发送心跳信号以保持会话有效。如果 ZooKeeper 集群在服务器开启时设定的期间内没有从客户端接收到心跳信号（即会话超时），则判定客户端死机。

会话超时通常以毫秒为单位。当会话由于任何原因结束时，在该会话期间创建的临时节点也会被删除。

（5）监视。

监视（Watches）是一种简单的机制，可以使客户端收到关于 ZooKeeper 集群中的更改通知。客户端可以在读取特定 znode 时设置 Watches。Watches 会向注册的客户端发送任何 znode（客户端注册表）更改的通知。

znode 更改是指与 znode 相关的数据修改，或者 znode 的子项数据修改。其只触发一次 Watches，如果客户端想要再次通知，则必须通过另一个读取操作来完成。当连接会话过期时，客户端将与服务器断开连接，相关的 Watches 也将被删除。

3. ZooKeeper 工作流

ZooKeeper 集群启动后，它将等待客户端连接。客户端将连接到 ZooKeeper 集群中的一个节点。它可以是 Leader 或 Follower 节点。客户端连接成功后，节点将向特定客户端分配会话 ID，并向该客户端发送确认信号。如果客户端没有收到确认信号，则将尝试连接 ZooKeeper 集群中的另一个节点。连接节点成功后，客户端将有规律地向节点发送心跳信号，以确保连接不会丢失。

如果客户端想要读取特定的 znode，则其将会向具有 znode 路径的节点发送读取请求，相关节点会从自己的数据库中查询 znode 路径，并返回信息给请求的 znode。因此，ZooKeeper 的读取速度很快。

如果客户端想要将数据存储在 ZooKeeper 集合中，则会将 znode 路径和数据发送到服务器中。连接的服务器将该请求转发给 Leader，Leader 将向所有的 Follower 重新发出写入请求。如果大部分节点成功响应，则写入请求成功，否则，写入请求失败。

ZooKeeper 工作流如图 3-4 所示。

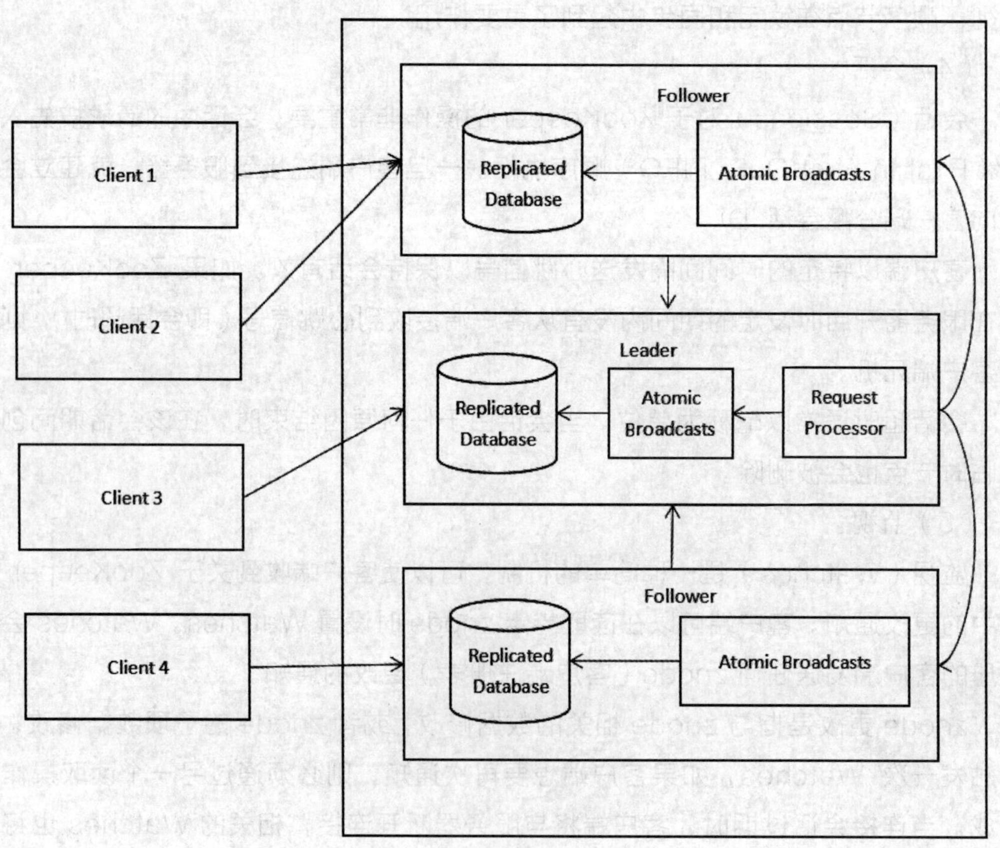

图 3-4　ZooKeeper 工作流

ZooKeeper 中各组件的工作流程描述如表 3-2 所示。

表 3-2　ZooKeeper 中各组件的工作流程描述

组件	描述
写入（write）	写入过程由 Leader 节点处理。Leader 节点将写入请求转发到所有 znode 中，并等待 znode 的回复。如果有大部分的 znode 回复，则写入过程完成
读取（read）	读取由特定连接的 znode 在内部执行，因此不需要与集群进行交互
复制数据库（Replicated Database）	它用于在 ZooKeeper 中存储数据。每个 znode 都有自己的数据库，每个 znode 在一致性的帮助下每次都有相同的数据
Leader	Leader 是负责处理写入请求的 znode
Follower	Follower 从客户端接收写入请求，并将它们转发到 Leader 节点
请求处理器（Request Processor）	只存在于 Leader 节点中。它管理来自 Follower 节点的写入请求
原子广播（Atomic Broadcasts）	负责广播从 Leader 节点到 Follower 节点的变化

4. ZooKeeper Leader 选举

如何在 ZooKeeper 集合中选举 Leader 节点呢？假设一个集群中有 *N* 个节点，Leader 选举的过程如下。

（1）所有节点创建具有相同路径/app/leader_election/guid_的顺序、临时节点。

（2）ZooKeeper 集合将附加一个 10 位序列到路径中，创建的 znode 将是/app/leader_election/guid_0000000001、/app/leader_election/guid_0000000002 等。

（3）对于给定的实例，在 znode 中创建最小数字的节点成为 Leader，而其他节点均为 Follower。

（4）每个 Follower 节点监视下一个具有最小数字的 znode。例如，创建的 znode/app/leader_election/guid_0000000008 节点将监视 znode/app/leader_election/guid_0000000007，创建的 znode/app/leader_election/guid_0000000007 节点将监视 znode/app/leader_election/guid_0000000006。

（5）如果 Leader 关闭，则其相应的 znode 会被删除。

（6）下一个在线 Follower 节点将通过监视器获得关于 Leader 移除的通知。

（7）下一个在线 Follower 节点将检查是否存在其他具有最小数字的 znode。如果没有，其将承担 Leader 的角色；否则，其找到的创建的具有最小数字的 znode 节点将承担 Leader 的角色。

（8）类似地，其他 Follower 节点选举创建的具有最小数字的 znode 节点作为 Leader。

Leader 选举是一个复杂的过程，但 ZooKeeper 服务使它变得非常简单。

5. ZooKeeper 的安装

ZooKeeper 的安装分为 3 种模式：单机模式、伪集群模式和集群模式。

（1）ZooKeeper 的单机模式安装。

在这种模式下，没有 ZooKeeper 副本，如果 ZooKeeper 服务器出现故障，ZooKeeper 服务将会停止。这种模式主要应用在测试或 Demo 情况中，在生产环境中一般不会采用。

（2）ZooKeeper 的伪集群模式安装。

伪集群模式就是在单机中模拟集群的 ZooKeeper 服务。在 ZooKeeper 的参数配置中，clientPort 参数用来配置客户端连接 ZooKeeper 的端口。伪集群模式是使用每个配置文档模拟一台机器，也就是说，需要在单台机器中运行多个 ZooKeeper 实例，但是必须保证各个配置文档的 clientPort 不冲突。

（3）ZooKeeper 的集群模式安装。

在这种模式下可以获得可靠的 ZooKeeper 服务，只要集群中的大多数 ZooKeeper 服务启动了，那么总的 ZooKeeper 服务就是可用的。集群模式与伪集群模式配置最大的不同是，ZooKeeper 实例分布在多台机器上。

6. ZooKeeper 中的 Watcher 机制

在 ZooKeeper 中，引入了 Watcher 机制来实现分布式的通知功能。ZooKeeper 允许客户端向服务端注册一个 Watcher 监听，当服务器端的一些指定事件触发了这个 Watcher 时，其会向指定客户端发送一个事件通知，以便实现分布式的通知功能。

ZooKeeper 的 Watcher 机制主要包括客户端线程、客户端 WatchManager 和 ZooKeeper 服务器 3 部分。其具体工作流程如下：客户端在向 ZooKeeper 服务器注册 Watcher 监听的同时，会将 Watcher 对象存储在客户端的 WatchManager 中；当 ZooKeeper 服务器端触发 Watcher 事件后，会向客户端发送通知，客户端线程从 WatchManager 中取出对应的 Watcher 对象来执行回调逻辑。

任务实施

1. ZooKeeper 单机模式搭建

（1）安装所需软件

右键单击 Ubuntu 操作系统的桌面，在弹出的快捷菜单中选择“Open in Terminal”选项打开终端，切换操作路径到软件包所在的文件夹，并执行命令“ls”，查看文件夹中的所有文件，如图 3-5 所示。

```
hadoop@hadoop:~$ cd ~/Downloads
hadoop@hadoop:~/Downloads$ ls
zookeeper-3.4.10.tar.gz
hadoop@hadoop:~/Downloads$ 
```

图 3-5 查看文件夹中的所有文件（1）

将下载好的 ZooKeeper 软件包解压到指定文件夹中。在 Downloads 目录中执行命令“sudo tar -zxvf zookeeper-3.4.10.tar.gz -C /usr/local/zookeeper”，解压 ZooKeeper 的压缩包，如图 3-6 所示。

```
hadoop@hadoop:~/Downloads$ sudo tar -zxvf zookeeper-3.4.10.tar.gz -C /usr/local/
zookeeper/
```

图 3-6 解压 ZooKeeper 的压缩包（1）

进入解压路径并执行命令“mv zookeeper-3.4.10 zookeeper”，修改 ZooKeeper 的文件名（以方便后面的操作），并查看修改文件名是否成功，如图 3-7 所示。

```
hadoop@hadoop:~/Downloads$ cd /usr/local/zookeeper/
hadoop@hadoop:/usr/local/zookeeper$ mv zookeeper-3.4.10 zookeeper
hadoop@hadoop:/usr/local/zookeeper$ ls
zookeeper
hadoop@hadoop:/usr/local/zookeeper$
```

图 3-7 修改文件名（1）

进入 zookeeper 的 conf 目录，查看当前文件夹中的文件，随后复制 zoo_sample.cfg 文件并将其重命名为 zoo.cfg，其命令为“cp zoo_sample.cfg zoo.cfg”，随后再次查看文件，如图 3-8 所示。

```
hadoop@hadoop:/usr/local/zookeeper$ cd zookeeper/conf/
hadoop@hadoop:/usr/local/zookeeper/zookeeper/conf$ ls
configuration.xsl  log4j.properties  zoo_sample.cfg
hadoop@hadoop:/usr/local/zookeeper/zookeeper/conf$ cp zoo_sample.cfg zoo.cfg
hadoop@hadoop:/usr/local/zookeeper/zookeeper/conf$ ls
configuration.xsl  log4j.properties  zoo.cfg  zoo_sample.cfg
```

图 3-8 复制并重命名 zoo_sample.cfg 文件（1）

（2）配置 zoo.cfg 文件

配置 zoo.cfg 文件，如图 3-9 所示。

```
tickTime=2000
dataDir=/usr/local/zookeeper/zookeeper/data
clientPort=2181
```

图 3-9 配置 zoo.cfg 文件（1）

① tickTime：设定 ZooKeeper 服务器之间或客户端与服务器之间心跳信号的时间间隔。

② dataDir：设定 ZooKeeper 保存数据的目录，默认情况下，ZooKeeper 的日志文件也保存在这个目录中。

③ clientPort：设定 ZooKeeper 服务器监听端口，用来接收客户端的访问请求。

配置 zoo.cfg 文件后，即可启动 ZooKeeper 服务，进入 ZooKeeper/bin 目录，执行命令“./zkServer.sh start”，即可启动 ZooKeeper 服务。如果看到“Starting zookeeper ... STARTED”返回信息，则表示 ZooKeeper 服务启动成功，如图 3-10 所示。

```
hadoop@hadoop:/usr/local/zookeeper/zookeeper$ cd bin/
hadoop@hadoop:/usr/local/zookeeper/zookeeper/bin$ ./zkServer.sh start
ZooKeeper JMX enabled by default
Using config: /usr/local/zookeeper/zookeeper/bin/../conf/zoo.cfg
Starting zookeeper ... STARTED
hadoop@hadoop:/usr/local/zookeeper/zookeeper/bin$
```

图 3-10 启动 ZooKeeper 服务

如果要查看 ZooKeeper 服务的运行状态，可以执行命令“./zkServer.sh status”，如图 3-11 所示。

```
hadoop@hadoop:/usr/local/zookeeper/zookeeper/bin$ ./zkServer.sh status
ZooKeeper JMX enabled by default
Using config: /usr/local/zookeeper/zookeeper/bin/../conf/zoo.cfg
Mode: standalone
```

图 3-11 查看 ZooKeeper 服务的运行状态

2. ZooKeeper 伪集群模式搭建

（1）安装所需软件

右键单击 Ubuntu 操作系统的桌面，在弹出的快捷菜单中选择“Open in Terminal”选项，打开终端，切换操作路径到软件包所在文件夹，并查看文件夹中的所有文件，如图 3-12 所示。

```
hadoop@hadoop:~$ cd ~/Downloads
hadoop@hadoop:~/Downloads$ ls
zookeeper-3.4.10.tar.gz
```

图3-12　查看文件夹中的所有文件（2）

将下载好的ZooKeeper软件包解压到指定文件夹中。切换目录到Downloads，并执行命令"sudo tar -zxvf zookeeper-3.4.10.tar.gz -C /usr/local/zookeeper"，解压ZooKeeper的压缩包，如图3-13所示。

```
hadoop@hadoop:~/Downloads$ sudo tar -zxvf zookeeper-3.4.10.tar.gz -C /usr/local/
zookeeper/
```

图3-13　解压ZooKeeper的压缩包（2）

进入解压路径，修改ZooKeeper的文件名，并查看操作结果，命令如图3-14所示。

```
hadoop@hadoop:~/Downloads$ sudo chown hadoop:hadoop -R /usr/local/zookeeper/
hadoop@hadoop:~/Downloads$ cd /usr/local/zookeeper/
hadoop@hadoop:/usr/local/zookeeper$ mv zookeeper-3.4.10 zookeeper
hadoop@hadoop:/usr/local/zookeeper$ ls
zookeeper
hadoop@hadoop:/usr/local/zookeeper$
```

图3-14　修改文件名（2）

进入ZooKeeper的conf目录，查看当前文件夹中的文件，随后复制zoo_sample.cfg文件并将其重命名为zoo.cfg，其命令为"cp zoo_sample.cfg zoo.cfg"，随后再次查看文件，如图3-15所示。

```
hadoop@hadoop:/usr/local/zookeeper$ cd zookeeper/conf/
hadoop@hadoop:/usr/local/zookeeper/zookeeper/conf$ ls
configuration.xsl  log4j.properties  zoo_sample.cfg
hadoop@hadoop:/usr/local/zookeeper/zookeeper/conf$ cp zoo_sample.cfg zoo.cfg
hadoop@hadoop:/usr/local/zookeeper/zookeeper/conf$ ls
configuration.xsl  log4j.properties  zoo.cfg  zoo_sample.cfg
```

图3-15　复制并重命名zoo_sample.cfg文件（2）

（2）配置zoo.cfg文件

配置zoo.cfg文件，如图3-16所示。

```
tickTime=2000
initLimit=10
syncLimit=5
dataDir=/usr/local/zookeeper/zookeeper/data
dataLogDir=/usr/local/zookeeper/zookeeper/datalog
clientPort=2181
server.1=127.0.0.1:2888:3888
server.2=127.0.0.1:2889:3889
server.3=127.0.0.1:2890:3890
maxClientCnxns=60
```

图3-16　配置zoo.cfg文件（2）

① initLimit=10：该配置表示允许Follower连接并同步到Leader的初始化时

间，它以 tickTime 的倍数来表示。如果超过设定时间，则连接失败。

② syncLimit=5：该配置表示 Leader 服务器与 Follower 服务器之间信息同步允许的最大时间间隔，它以 tickTime 的倍数来表示。如果超过设定时间，则 Follower 服务器与 Leader 服务器之间将断开链接。

③ dataLogDir：设定保存 ZooKeeper 日志的路径。

④ server.A=B:C:D：其中，A 是一个数字，代表这是第几号服务器；B 是服务器的 IP 地址；C 表示服务器与集群中的 Leader 交换信息的端口；当 Leader 失效后，D 表示用来执行选举时服务器相互通信的端口。

⑤ maxClientCnxns=60：设定连接到 ZooKeeper 服务器的客户端的数量限制。

进入/usr/local/zookeeper 目录，执行命令“cp -r zookeeper zookeeper1”“cp -r zookeeper zookeeper2”，新建两个 Server，如图 3-17 所示。

```
hadoop@hadoop:/usr/local/zookeeper$ cp -r zookeeper zookeeper1
hadoop@hadoop:/usr/local/zookeeper$ ls
zookeeper  zookeeper1
hadoop@hadoop:/usr/local/zookeeper$ cp -r zookeeper zookeeper2
hadoop@hadoop:/usr/local/zookeeper$ ls
zookeeper  zookeeper1  zookeeper2
```

图 3-17　新建两个 Server

编辑两个新建 Server 中的 conf/zoo.cfg 文件，如图 3-18 和图 3-19 所示。

```
tickTime=2000
initLimit=10
syncLimit=5
dataDir=/usr/local/zookeeper/zookeeper1/data
dataLogDir=/usr/local/zookeeper/zookeeper1/datalog
clientPort=2182
server.1=127.0.0.1:2888:3888
server.2=127.0.0.1:2889:3889
server.3=127.0.0.1:2890:3890
maxClientCnxns=60
```

图 3-18　编辑 zookeeper1 的 zoo.cfg 文件

```
tickTime=2000
initLimit=10
syncLimit=5
dataDir=/usr/local/zookeeper/zookeeper2/data
dataLogDir=/usr/local/zookeeper/zookeeper2/datalog
clientPort=2183
server.1=127.0.0.1:2888:3888
server.2=127.0.0.1:2889:3889
server.3=127.0.0.1:2890:3890
maxClientCnxns=60
```

图 3-19　编辑 zookeeper2 的 zoo.cfg 文件

分别在 zookeeper、zookeeper1、zookeeper2 中创建 datalog 文件，如图 3-20 所示。

```
hadoop@hadoop:/usr/local/zookeeper$ mkdir zookeeper/datalog
hadoop@hadoop:/usr/local/zookeeper$ mkdir zookeeper1/datalog
hadoop@hadoop:/usr/local/zookeeper$ mkdir zookeeper2/datalog
```

图 3-20 创建 datalog 文件

分别切换到对应 Server 的 bin 目录中，并分别执行命令“./zkServer.sh start”，用来启动 3 台 Server 节点。如果看到“Starting zookeeper ... STARTED”返回信息，则表示 ZooKeeper 服务启动成功，如图 3-21～图 3-23 所示。

```
hadoop@hadoop:/usr/local/zookeeper/zookeeper/bin$ ./zkServer.sh start
ZooKeeper JMX enabled by default
Using config: /usr/local/zookeeper/zookeeper/bin/../conf/zoo.cfg
Starting zookeeper ... STARTED
```

图 3-21 启动 server

```
hadoop@hadoop:/usr/local/zookeeper/zookeeper1/bin$ ./zkServer.sh start
ZooKeeper JMX enabled by default
Using config: /usr/local/zookeeper/zookeeper1/bin/../conf/zoo.cfg
Starting zookeeper ... STARTED
```

图 3-22 启动 server1

```
hadoop@hadoop:/usr/local/zookeeper/zookeeper2/bin$ ./zkServer.sh start
ZooKeeper JMX enabled by default
Using config: /usr/local/zookeeper/zookeeper2/bin/../conf/zoo.cfg
Starting zookeeper ... STARTED
```

图 3-23 启动 server2

分别切换到对应 Server 的 ZooKeeper 目录，执行命令“zkServer.sh status”，查询当前伪集群的状态，了解当前运行模式，如图 3-24 所示。

```
hadoop@hadoop:/usr/local/zookeeper$ ./zookeeper/bin/zkServer.sh status
ZooKeeper JMX enabled by default
Using config: /usr/local/zookeeper/zookeeper/bin/../conf/zoo.cfg
Mode: follower
hadoop@hadoop:/usr/local/zookeeper$ ./zookeeper1/bin/zkServer.sh status
ZooKeeper JMX enabled by default
Using config: /usr/local/zookeeper/zookeeper1/bin/../conf/zoo.cfg
Mode: follower
hadoop@hadoop:/usr/local/zookeeper$ ./zookeeper2/bin/zkServer.sh status
ZooKeeper JMX enabled by default
Using config: /usr/local/zookeeper/zookeeper2/bin/../conf/zoo.cfg
Mode: leader
hadoop@hadoop:/usr/local/zookeeper$
```

图 3-24 查询当前伪集群的状态

3. ZooKeeper 集群模式搭建

（1）解压和配置文件

分别在 3 个节点中将下载好的 ZooKeeper 安装包解压到指定文件夹中，如图 3-25 所示。

```
hadoop@hadoop:~/Downloads$ sudo tar -zxvf zookeeper-3.4.10.tar.gz -C /usr/local/
zookeeper/
```

图 3-25 解压下载好的 ZooKeeper 安装包

分别在 3 个节点的 ZooKeeper 目录中创建 data 和 datalog 目录，并查看目录，如图 3-26 所示。

```
hadoop@hadoop:/usr/local/zookeeper/zookeeper$ mkdir data
hadoop@hadoop:/usr/local/zookeeper/zookeeper$ mkdir datalog
hadoop@hadoop:/usr/local/zookeeper/zookeeper$ ls
bin          dist-maven          NOTICE.txt              zookeeper-3.4.10.jar.asc
build.xml    docs                README_packaging.txt    zookeeper-3.4.10.jar.md5
conf         ivysettings.xml     README.txt              zookeeper-3.4.10.jar.sha1
contrib      ivy.xml             recipes
data         lib                 src
datalog      LICENSE.txt         zookeeper-3.4.10.jar
hadoop@hadoop:/usr/local/zookeeper/zookeeper$
```

图 3-26　创建并查看目录

（2）配置 zoo.cfg 文件

打开并编辑 3 个节点中的 zoo.cfg 文件，这 3 个节点的 zoo.cfg 文件均相同，如图 3-27 所示。

```
# The number of milliseconds of each tick
tickTime=2000
# The number of ticks that the initial
# synchronization phase can take
initLimit=10
# The number of ticks that can pass between
# sending a request and getting an acknowledgement
syncLimit=5
# the directory where the snapshot is stored.
# do not use /tmp for storage, /tmp here is just
# example sakes.
dataDir=/usr/local/zookeeper/zookeeper/data
dataLogDir=/usr/local/zookeeper/zookeeper/datalog
# the port at which the clients will connect
clientPort=2181
server.1=192.168.2.5:2887:3887
server.2=192.168.2.6:2888:3888
server.3=192.168.2.7:2889:3889
```

图 3-27　配置 zoo.cfg 文件

（3）测试安装

分别在 3 个节点的 zookeeper/bin 目录中执行命令“./zkServer.sh start”，启动集群，如图 3-28 所示。

```
hadoop@hadoop:/usr/local/zookeeper/zookeeper/bin$ ./zkServer.sh start
ZooKeeper JMX enabled by default
Using config: /usr/local/zookeeper/zookeeper/bin/../conf/zoo.cfg
Starting zookeeper ... STARTED
```

图 3-28　启动集群

在任意节点的 zookeeper/bin 目录中执行命令“/zkCli.sh　-server 192.168.2.5”，测试 ZooKeeper 能否连接成功，如果在返回信息中看到“Welcome to ZooKeeper!”，则表示 ZooKeeper 节点连接服务器成功，如图 3-29 所示。

```
2018-07-20 19:41:15,252 [myid:] - INFO  [main:Environment@100] - Client environment:os.name=Linux
2018-07-20 19:41:15,252 [myid:] - INFO  [main:Environment@100] - Client environment:os.arch=amd64
2018-07-20 19:41:15,252 [myid:] - INFO  [main:Environment@100] - Client environment:os.version=4.13.0
-36-generic
2018-07-20 19:41:15,253 [myid:] - INFO  [main:Environment@100] - Client environment:user.name=hadoop
2018-07-20 19:41:15,253 [myid:] - INFO  [main:Environment@100] - Client environment:user.home=/home/h
adoop
2018-07-20 19:41:15,253 [myid:] - INFO  [main:Environment@100] - Client environment:user.dir=/usr/loc
al/zookeeper/zookeeper/bin
2018-07-20 19:41:15,254 [myid:] - INFO  [main:ZooKeeper@438] - Initiating client connection, connectS
tring=localhost:2181 sessionTimeout=30000 watcher=org.apache.zookeeper.ZooKeeperMain$MyWatcher@5c29bf
d
Welcome to ZooKeeper!
2018-07-20 19:41:15,308 [myid:] - INFO  [main-SendThread(localhost:2181):ClientCnxn$SendThread@1032]
- Opening socket connection to server localhost/192.168.2.5:2181. Will not attempt to authenticate usin
g SASL (unknown error)
JLine support is enabled
2018-07-20 19:41:15,494 [myid:] - INFO  [main-SendThread(localhost:2181):ClientCnxn$SendThread@876] -
 Socket connection established to localhost/192.168.2.5:2181, initiating session
2018-07-20 19:41:15,528 [myid:] - INFO  [main-SendThread(localhost:2181):ClientCnxn$SendThread@1299]
- Session establishment complete on server localhost/192.168.2.5:2181, sessionid = 0x164b76e73730002, n
egotiated timeout = 30000

WATCHER::

WatchedEvent state:SyncConnected type:None path:null
[zk: 192.168.2.5:2181(CONNECTED) 0]
```

图 3-29 ZooKeeper 节点连接服务器成功

连接服务器并执行所有操作后，可以执行命令“./zkServer.sh stop”，停止 ZooKeeper 服务。

4. ZooKeeper 中的 Watcher 机制应用

（1）启动 ZooKeeper 集群

进入节点的 zookeeper/bin 目录，执行命令“./zkServer.sh start”，启动 ZooKeeper 集群服务，如图 3-30 所示。

```
hadoop@master:/usr/local/zookeeper/bin$ ./zkServer.sh start
ZooKeeper JMX enabled by default
Using config: /usr/local/zookeeper/bin/../conf/zoo.cfg
Starting zookeeper ... STARTED
```

图 3-30 启动 ZooKeeper 集群服务

在 3 台节点上分别执行命令“./zkServer.sh status”，查看 ZooKeeper 节点的状态，如图 3-31 所示。

```
hadoop@master:/usr/local/zookeeper/bin$ ./zkServer.sh status
ZooKeeper JMX enabled by default
Using config: /usr/local/zookeeper/bin/../conf/zoo.cfg
Mode: follower
```

图 3-31 查看 ZooKeeper 节点的状态

（2）ZooKeeper 观察者模式

在本地进入 zookeeper/bin 目录，并执行命令“./zkCli.sh”，连接本地服务端，如图 3-32 所示。

```
hadoop@master:/usr/local/zookeeper/bin$ ./zkCli.sh
Connecting to localhost:2181
2018-08-09 06:52:21,932 [myid:] - INFO  [main:Environment@100] - Client environm
ent:zookeeper.version=3.4.12-e5259e437540f349646870ea94dc2658c4e44b3b, built on
03/27/2018 03:55 GMT
2018-08-09 06:52:21,935 [myid:] - INFO  [main:Environment@100] - Client environm
ent:host.name=master
2018-08-09 06:52:21,935 [myid:] - INFO  [main:Environment@100] - Client environm
ent:java.version=1.8.0_171
2018-08-09 06:52:21,938 [myid:] - INFO  [main:Environment@100] - Client environm
ent:java.vendor=Oracle Corporation
2018-08-09 06:52:21,938 [myid:] - INFO  [main:Environment@100] - Client environm
ent:java.home=/usr/local/java/jre
2018-08-09 06:52:21,939 [myid:] - INFO  [main:Environment@100] - Client environm
ent:java.class.path=/usr/local/zookeeper/bin/../build/classes:/usr/local/zookeep
er/bin/../build/lib/*.jar:/usr/local/zookeeper/bin/../lib/slf4j-log4j12-1.7.25.j
ar:/usr/local/zookeeper/bin/../lib/slf4j-api-1.7.25.jar:/usr/local/zookeeper/bin
/../lib/netty-3.10.6.Final.jar:/usr/local/zookeeper/bin/../lib/log4j-1.2.17.jar:
/usr/local/zookeeper/bin/../lib/jline-0.9.94.jar:/usr/local/zookeeper/bin/../lib
/audience-annotations-0.5.0.jar:/usr/local/zookeeper/bin/../zookeeper-3.4.12.jar
:/usr/local/zookeeper/bin/../src/java/lib/*.jar:/usr/local/zookeeper/bin/../conf
```

图 3-32　连接本地服务端

在本地客户端中，执行命令“ls / watch”，查看根目录节点，发现“1”节点处于观察者模式，如图 3-33 所示。

```
[zk: localhost:2181(CONNECTED) 1] ls / watch
[zookeeper]
```

图 3-33　查看根目录节点

在 slave1 客户端中，执行命令“create /node 123”，创建一个新节点，如图 3-34 所示。

```
[zk: localhost:2181(CONNECTED) 0] create /node 123
Created /node
```

图 3-34　创建一个新节点

此时，在本地客户端观察者模式下，可以监视到根目录中节点发生的变化，其监视日志如图 3-35 所示。

```
[zk: localhost:2181(CONNECTED) 2]
WATCHER::

WatchedEvent state:SyncConnected type:NodeChildrenChanged path:/
```

图 3-35　监视日志

在 slave1 客户端中，执行命令“create /node2 123”，再次创建一个新节点，如图 3-36 所示。

```
[zk: localhost:2181(CONNECTED) 1] create /node2 123
Created /node2
```

图 3-36　再次创建一个新节点

此时，在本地客户端观察者模式下，查看监视日志，监视不到根目录中节点的变化，如图 3-37 所示。

```
[zk: localhost:2181(CONNECTED) 2]
WATCHER::

WatchedEvent state:SyncConnected type:NodeChildrenChanged path:/
```

图 3-37　查看监视日志

> **注意**
>
> **由于观察者模式特性所致，注册一次只能使用一次，也就是说，命令使用一次，只监听一次，监听到了就输出内容，输出结束就退出监听，所以根目录中节点的再次变化不会被监视到。**

连接本地服务端之后，执行命令“-help”，可以查看帮助信息，如图 3-38 所示。

```
[zk: localhost:2181(CONNECTED) 2] -help
ZooKeeper -server host:port cmd args
        stat path [watch]
        set path data [version]
        ls path [watch]
        delquota [-n|-b] path
        ls2 path [watch]
        setAcl path acl
        setquota -n|-b val path
        history
        redo cmdno
        printwatches on|off
        delete path [version]
        sync path
        listquota path
        rmr path
        get path [watch]
        create [-s] [-e] path data acl
        addauth scheme auth
        quit
        getAcl path
        close
        connect host:port
```

图 3-38　查看帮助信息

Watcher 是 ZooKeeper 用来实现 Distribute Lock、Distribute Configure、Distribute Queue 等应用的主要手段。要想监控 data_tree 上的任意节点的变化（节点本身的增加、删除、数据修改，以及子节点的变化），都可以通过在获取该数据时注册一个 Watcher 来实现。

任务 3.2　ZooKeeper CLI 操作

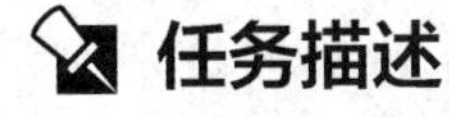

任务描述

学习 ZooKeeper CLI 操作及其相关知识（创建 znode、获取数据、监视 znode 相关变化、设置数据等操作）。

任务目标

（1）学会 znode 的创建操作。

（2）学会从 znode 获取数据的操作。

（3）学会为 znode 设置数据的操作。

（4）学会 znode 的移除操作。

知识准备

ZooKeeper 命令行界面（Command Line Interface，CLI）用于与 ZooKeeper 集合进行交互。要执行 ZooKeeper CLI 操作，首先需要进入节点的 zookeeper/bin 目录，执行命令“./zkServer.sh start”，启动 ZooKeeper 集群服务；再执行命令“./zkCli.sh”，使客户端连接 ZooKeeper 服务器。

1. 创建 znodes

创建节点的语法格式为 create [-s] [-e] path data acl。

其中，path 用于指定路径，由于 ZooKeeper 是一个树形结构，所以创建 path 就是创建 path 节点；data 是节点对应的值，节点可以保存少量的数据；[-s]用于指定创建的节点类型为有序节点；[-e]用于指定创建的节点类型为临时节点，默认情况下，所有 znode 都是持久节点，当会话过期或客户端断开连接时，临时节点[-e]将被自动删除；acl 用来进行权限控制。其应用实例如下。

```
//在根目录中创建持久节点 FirstZnode，存储数据 Myfirstzookeeper-app
create /FirstZnode "Myfirstzookeeper-app"
//执行命令“ls / ”查看根目录中的节点，并查看节点创建情况
ls /
```

指定参数为-s，创建顺序节点。

```
//在根目录中创建顺序节点 FirstZnode，存储数据 second-data
create -s /FirstZnode second-data
//执行命令“ls / ”查看根目录中的节点，并查看节点创建情况
ls /
```

指定参数为-e，创建临时节点。

```
//在根目录中创建临时节点 SecondZnode，存储数据 Ephemeral-data
```

```
create -e /SecondZnode "Ephemeral-data"
//执行命令"ls / "查看根目录中的节点，并查看节点创建情况
ls /
```

注意

当客户端断开连接时，临时节点将被删除。可以通过执行命令"quit"退出客户端，随后使用客户端再次连接服务端，并使用"ls /"命令查看根目录中的节点。

2. 读取节点

与读取相关的命令有"ls"和"get"。"ls"命令可以列出 ZooKeeper 指定节点的所有子节点，只能查看指定节点的第一级的所有子节点；"get"命令可以获取 ZooKeeper 指定节点的数据内容和属性信息。相关命令的语法格式分别为 ls path [watch]、get path [watch]、ls2 path [watch]。"ls2"与"ls"不同的是，它可以查看到 time、version 等信息。其应用实例如下。

```
//获取根节点的所有子节点
ls /
ls2 /
//获取 FirstZnode 节点的数据内容和属性
get /FirstZnode
```

访问顺序节点，必须输入 znode 的完整路径（注意顺序节点的命名）。

```
//获取顺序节点 FirstZnode0000000023 的数据内容和属性
get /FirstZnode0000000023
```

3. 设置数据

设置指定 znode 的数据。完成此设置操作后，可以使用"get"命令检查数据。其语法格式为 set path data [version]。其中，data 就是要更新的内容，version 表示数据版本。其应用实例如下。

```
//将 FirstZnode 节点的数据更新为 Data-updated
set /FirstZnode Data-updated
```

如果在"get"命令中分配了 watch 选项，则输出信息中将包含以下类似内容："WatchedEventstate:SyncConnectedtype:NodeDataChanged"。

4. 创建 znode 子节点

创建子节点类似于创建新的 znode。其区别在于子节点 znode 的路径需包含

父路径。其语法格式为 create /parent_path/subnode_path data。其应用实例如下。

```
//创建 FirstZnode 的子节点
create /FirstZnode/Child1 firstchildren
//查看 FirstZnode 的子节点
ls /FirstZnode
```

5. 检查状态

状态描述的是 znode 的元数据。它包含时间戳、版本号、ACL、数据长度和子 znode 等属性。其语法格式为 stat /path。其应用实例如下。

```
//检查根目录中的 FirstZnode 节点状态
stat /FirstZnode
```

6. 移除 znode

移除操作可移除指定的 znode 及其所有子节点。其操作需要在 znode 可用的情况下进行。其语法格式为 rmr /path。其应用实例如下。

```
//移除根目录中的 FirstZnode 节点及其子节点
rmr /FirstZnode
```

7. 删除 znode

删除 znode 的语法格式为 delete /path。此命令类似于"rmr"命令，但它只适用于没有子节点的 znode。

任务实施

1. 启动相关服务

进入 zookeeper/bin 目录，执行命令"./zkServer.sh start"，启动服务，如图 3-39 所示。

```
hadoop@hadoop:/usr/local/zookeeper/zookeeper/bin$ ./zkServer.sh start
ZooKeeper JMX enabled by default
Using config: /usr/local/zookeeper/zookeeper/bin/../conf/zoo.cfg
Starting zookeeper ... STARTED
```

图 3-39 启动服务

执行命令"jps"查看系统进程，可以看到"QuorumPeerMain"进程，表示 ZooKeeper 已经启动；也可以执行命令"/zkServer.sh status"进行查看，如图 3-40 所示。

```
hadoop@master:/usr/local/zookeeper/bin$ jps
2956 QuorumPeerMain
3631 Jps

hadoop@master:/usr/local/zookeeper/bin$ ./zkServer.sh status
ZooKeeper JMX enabled by default
Using config: /usr/local/zookeeper/bin/../conf/zoo.cfg
Mode: follower
```

图 3-40 查看系统进程

打开客户端，在服务端开启的情况下，执行命令“zkCli.sh”，启动客户端并连接服务器，如图 3-41 所示。

```
hadoop@master:/usr/local/zookeeper/bin$ zkCli.sh
Connecting to localhost:2181
2018-08-09 12:07:22,440 [myid:] - INFO  [main:Environment@100] - Client environm
ent:zookeeper.version=3.4.12-e5259e437540f349646870ea94dc2658c4e44b3b, built on
03/27/2018 03:55 GMT
2018-08-09 12:07:22,466 [myid:] - INFO  [main:Environment@100] - Client environm
ent:host.name=master
2018-08-09 12:07:22,466 [myid:] - INFO  [main:Environment@100] - Client environm
ent:java.version=1.8.0_171
2018-08-09 12:07:22,469 [myid:] - INFO  [main:Environment@100] - Client environm
ent:java.vendor=Oracle Corporation
2018-08-09 12:07:22,469 [myid:] - INFO  [main:Environment@100] - Client environm
ent:java.home=/usr/local/java/jre
2018-08-09 12:07:22,469 [myid:] - INFO  [main:Environment@100] - Client environm
ent:java.class.path=/usr/local/zookeeper/bin/../build/classes:/usr/local/zookeep
er/bin/../build/lib/*.jar:/usr/local/zookeeper/bin/../lib/slf4j-log4j12-1.7.25.j
ar:/usr/local/zookeeper/bin/../lib/slf4j-api-1.7.25.jar:/usr/local/zookeeper/bin
/../lib/netty-3.10.6.Final.jar:/usr/local/zookeeper/bin/../lib/log4j-1.2.17.jar
/usr/local/zookeeper/bin/../lib/jline-0.9.94.jar:/usr/local/zookeeper/bin/../lib
/audience-annotations-0.5.0.jar:/usr/local/zookeeper/bin/../zookeeper-3.4.12.jar
:/usr/local/zookeeper/bin/../src/java/lib/*.jar:/usr/local/zookeeper/bin/../conf
:
2018-08-09 12:07:22,469 [myid:] - INFO  [main:Environment@100] - Client environm
ent:java.library.path=/usr/java/packages/lib/amd64:/usr/lib64:/lib64:/lib:/usr/l
ib
2018-08-09 12:07:22,470 [myid:] - INFO  [main:Environment@100] - Client environm
ent:java.io.tmpdir=/tmp
2018-08-09 12:07:22,470 [myid:] - INFO  [main:Environment@100] - Client environm
ent:java.compiler=<NA>
2018-08-09 12:07:22,470 [myid:] - INFO  [main:Environment@100] - Client environm
ent:os.name=Linux
2018-08-09 12:07:22,470 [myid:] - INFO  [main:Environment@100] - Client environm
ent:os.version=4.4.0-128-generic
2018-08-09 12:07:22,470 [myid:] - INFO  [main:Environment@100] - Client environ
ent:user.name=hadoop
2018-08-09 12:07:22,470 [myid:] - INFO  [main:Environment@100] - Client environ
ent:user.home=/home/hadoop
2018-08-09 12:07:22,470 [myid:] - INFO  [main:Environment@100] - Client environ
ent:user.dir=/usr/local/zookeeper/bin
2018-08-09 12:07:22,471 [myid:] - INFO  [main:ZooKeeper@441] - Initiating clien
 connection, connectString=localhost:2181 sessionTimeout=30000 watcher=org.apac
e.zookeeper.ZooKeeperMain$MyWatcher@799f7e29
```

图 3-41 启动客户端并连接服务器

若连接不同的主机，则可执行命令“zkCli.sh slave1”，也可以使用帮助命令“help”来查看客户端的操作，如图 3-42 和图 3-43 所示。

```
hadoop@master:/usr/local/zookeeper/bin$ zkCli.sh slave1
Connecting to localhost:2181
2018-08-09 12:12:45,372 [myid:] - INFO  [main:Environment@100] - Client environm
ent:zookeeper.version=3.4.12-e5259e437540f349646870ea94dc2658c4e44b3b, built on
03/27/2018 03:55 GMT
2018-08-09 12:12:45,375 [myid:] - INFO  [main:Environment@100] - Client environm
ent:host.name=master
2018-08-09 12:12:45,376 [myid:] - INFO  [main:Environment@100] - Client environm
ent:java.version=1.8.0_171
2018-08-09 12:12:45,379 [myid:] - INFO  [main:Environment@100] - Client environm
ent:java.vendor=Oracle Corporation
2018-08-09 12:12:45,379 [myid:] - INFO  [main:Environment@100] - Client environm
ent:java.home=/usr/local/java/jre
2018-08-09 12:12:45,379 [myid:] - INFO  [main:Environment@100] - Client environm
ent:java.class.path=/usr/local/zookeeper/bin/../build/classes:/usr/local/zookeep
er/bin/../build/lib/*.jar:/usr/local/zookeeper/bin/../lib/slf4j-log4j12-1.7.25.j
ar:/usr/local/zookeeper/bin/../lib/slf4j-api-1.7.25.jar:/usr/local/zookeeper/bin
/../lib/netty-3.10.6.Final.jar:/usr/local/zookeeper/bin/../lib/log4j-1.2.17.jar:
/usr/local/zookeeper/bin/../lib/jline-0.9.94.jar:/usr/local/zookeeper/bin/../lib
/audience-annotations-0.5.0.jar:/usr/local/zookeeper/bin/../zookeeper-3.4.12.jar
:/usr/local/zookeeper/bin/../src/java/lib/*.jar:/usr/local/zookeeper/bin/../conf
:
2018-08-09 12:12:45,379 [myid:] - INFO  [main:Environment@100] - Client environm
ent:java.library.path=/usr/java/packages/lib/amd64:/usr/lib64:/lib64:/lib:/usr/l
ib
2018-08-09 12:12:45,379 [myid:] - INFO  [main:Environment@100] - Client environm
ent:java.io.tmpdir=/tmp
2018-08-09 12:12:45,380 [myid:] - INFO  [main:Environment@100] - Client environm
ent:java.compiler=<NA>
2018-08-09 12:12:45,380 [myid:] - INFO  [main:Environment@100] - Client environm
```

图 3-42　连接不同的主机

```
[zk: localhost:2181(CONNECTED) 0] help
ZooKeeper -server host:port cmd args
        stat path [watch]
        set path data [version]
        ls path [watch]
        delquota [-n|-b] path
        ls2 path [watch]
        setAcl path acl
        setquota -n|-b val path
        history
        redo cmdno
        printwatches on|off
        delete path [version]
        sync path
        listquota path
        rmr path
        get path [watch]
        create [-s] [-e] path data acl
        addauth scheme auth
        quit
        getAcl path
        close
        connect host:port
```

图 3-43　查看客户端的操作

2. 创建节点

（1）创建顺序节点

执行命令“create -s /zk-test 1001”，创建 zk-test 顺序节点，如图 3-44 所示。

```
[zk: localhost:2181(CONNECTED) 0] create -s /zk-test 1001
Created /zk-test0000000006
[zk: localhost:2181(CONNECTED) 1] ls /
[node, zk-test0000000006, node2, zookeeper, FirstZnode0000000003]
```

图 3-44　创建 zk-test 顺序节点

可以看到创建的 zk-test 节点后面添加了一串数字（10 位序列）以示区别。

（2）创建临时节点

执行命令“create -e /zk-temp 1001”，创建 zk-temp 临时节点，如图 3-45 所示。

```
[zk: localhost:2181(CONNECTED) 4] create -e /zk-temp 1001
Created /zk-temp
[zk: localhost:2181(CONNECTED) 5] ls /
[node, zk-test0000000006, node2, zookeeper, FirstZnode0000000003, zk-temp]
```

图 3-45　创建 zk-test 临时节点

临时节点在客户端会话结束后会自动删除。执行命令“quit”，退出客户端，如图 3-46 所示。

```
[zk: localhost:2181(CONNECTED) 4] quit
Quitting...
2018-08-09 12:19:06,282 [myid:] - INFO  [main:ZooKeeper@687] - Session: 0x100000
cf6b30003 closed
2018-08-09 12:19:06,284 [myid:] - INFO  [main-EventThread:ClientCnxn$EventThread
@521] - EventThread shut down for session: 0x100000cf6b30003
```

图 3-46　退出客户端

再次使客户端连接服务端，并执行命令“ls /”，查看根目录中的节点，如图 3-47 所示。

```
[zk: localhost:2181(CONNECTED) 0] ls /
[node, zk-test0000000006, node2, zookeeper, FirstZnode0000000003]
```

图 3-47　查看根目录中的节点

可以看到根目录中已经不存在 zk-temp 临时节点。

（3）创建永久节点

执行命令“create /zk-permanent 1001”，创建 zk-permanent 永久节点，如图 3-48 所示。

```
[zk: localhost:2181(CONNECTED) 1] create /zk-permanent 1001
Created /zk-permanent
[zk: localhost:2181(CONNECTED) 2] ls /
[node, zk-test0000000006, node2, zk-permanent, zookeeper, FirstZnode0000000003]
```

图 3-48　创建 zk-permanent 永久节点

可以看到永久节点不同于顺序节点，不会自动在后面添加 10 位序列的数字。

3. 读取节点

获取根节点的所有子节点，可以执行命令“ls /”，如图 3-49 所示。

```
[zk: localhost:2181(CONNECTED) 2] ls /
[node, zk-test0000000006, node2, zk-permanent, zookeeper, FirstZnode0000000003]
```

图 3-49　获取根节点的所有子节点

获取根节点的数据内容和属性信息，执行命令“get /”，如图 3-50 所示。

```
[zk: localhost:2181(CONNECTED) 3] get /

cZxid = 0x0
ctime = Wed Dec 31 16:00:00 PST 1969
mZxid = 0x0
mtime = Wed Dec 31 16:00:00 PST 1969
pZxid = 0x20000001a
cversion = 14
dataVersion = 0
aclVersion = 0
ephemeralOwner = 0x0
dataLength = 0
numChildren = 6
```

图 3-50　获取根节点的数据内容和属性信息（1）

也可以通过执行命令“ls2 /”获取这些信息，如图 3-51 所示。

```
[zk: localhost:2181(CONNECTED) 4] ls2 /
[node, zk-test0000000006, node2, zk-permanent, zookeeper, FirstZnode0000000003]
cZxid = 0x0
ctime = Wed Dec 31 16:00:00 PST 1969
mZxid = 0x0
mtime = Wed Dec 31 16:00:00 PST 1969
pZxid = 0x20000001a
cversion = 14
dataVersion = 0
aclVersion = 0
ephemeralOwner = 0x0
dataLength = 0
numChildren = 6
```

图 3-51　获取根节点的数据内容和属性信息（2）

执行命令“get /zk-permanent”，获取 zk-permanent 节点的数据内容和属性信息，如图 3-52 所示。

```
[zk: localhost:2181(CONNECTED) 5] get /zk-permanent
1001
cZxid = 0x20000001a
ctime = Thu Aug 09 12:27:20 PDT 2018
mZxid = 0x20000001a
mtime = Thu Aug 09 12:27:20 PDT 2018
pZxid = 0x20000001a
cversion = 0
dataVersion = 0
aclVersion = 0
ephemeralOwner = 0x0
dataLength = 4
numChildren = 0
```

图 3-52　获取 zk-permanent 节点的数据内容和属性信息

可以看到此时 dataVersion=0，其数据内容为“1001”。

4. 更新节点

执行命令“set /zk-permanent 456”，将 zk-permanent 节点的数据更新为 456，可以看到此时 dataVersion=1，即表示数据进行了更新，如图 3-53 所示。

```
[zk: localhost:2181(CONNECTED) 6] set /zk-permanent 456
cZxid = 0x20000001a
ctime = Thu Aug 09 12:27:20 PDT 2018
mZxid = 0x20000001b
mtime = Thu Aug 09 12:36:12 PDT 2018
pZxid = 0x20000001a
cversion = 0
dataVersion = 1
aclVersion = 0
ephemeralOwner = 0x0
dataLength = 3
numChildren = 0
```

图 3-53　节点数据的更新

5. 删除节点

使用“delete”命令可以删除 ZooKeeper 的指定节点。

例如，删除 zk-permanent 节点时，可以执行命令“delete /zk-permanent”，如图 3-54 所示，已经成功删除了 zk-permanent 节点。

```
[zk: localhost:2181(CONNECTED) 7] delete /zk-permanent
[zk: localhost:2181(CONNECTED) 8] ls /
[node, zk-test0000000006, node2, zookeeper, FirstZnode0000000003]
```

图 3-54　删除 zk-permanent 节点

注意

若要删除的节点存在子节点，那么无法直接使用“delete”命令删除该节点，必须先删除子节点，再删除父节点。

项目 4 HBase环境搭建与基本操作

04

学习目标

【知识目标】

① 了解 HBase 的产生背景、HBase 架构。
② 识记 HBase 常用操作。

【技能目标】

① 学会 HBase 的安装与配置。
② 学会 HBase Shell 命令的使用。

项目描述

HBase 是一个高可靠、高性能、面向列、可伸缩的分布式数据库，是 Google BigTable 的开源实现，主要用来存储非结构化和半结构化的松散数据。HBase 的目标是处理庞大的表，可以通过水平扩展的方式，利用廉价的计算机集群，处理超过 10 亿行和数百万列元素组成的数据表。

本项目主要完成 HBase 的安装与配置，以及学习 HBase 的基本操作。

任务 4.1 HBase 的安装与配置

任务描述

（1）学习 HBase 相关技术知识，了解 HBase 的产生背景、特点等。
（2）完成 HBase 的安装与配置。

任务目标

（1）熟悉 HBase 的特点。
（2）学会 HBase 的安装与配置。

知识准备

HBase 是建立在 Hadoop 文件系统之上的分布式面向列的数据库。它是一个开源项目，是可横向扩展的。其类似于谷歌的 BigTable，可以快速随机访问海量结构化数据。HBase 利用了 Hadoop 文件系统提供的容错能力，可以在 HDFS 中存储和随机访问数据，如图 4-1 所示。HBase 运行在 Hadoop 的文件系统之上，并提供了读写访问。

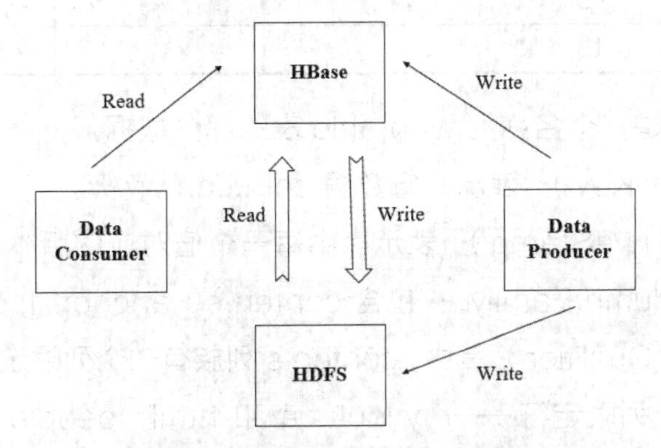

图 4-1　使用 HBase 在 HDFS 中随机访问数据

HBase 作为面向列的数据库运行在 HDFS 上，HDFS 缺乏随机读写操作，两者存在较大的区别。HBase 和 HDFS 的对照如表 4-1 所示。

表 4-1　HBase 和 HDFS 的对照

HDFS	HBase
HDFS 是适用于存储大容量文件的分布式文件系统	HBase 是建立在 HDFS 之上的数据库
HDFS 不支持快速单独记录查找	HBase 可在较大的表中进行快速查找
HDFS 提供了高延迟批量处理，没有批处理概念	HBase 提供了数十亿条记录低延迟访问单个行记录（随机存取）功能
HDFS 提供的数据只能顺序访问	HBase 内部使用了哈希表且提供随机接入，其可存储索引，可对在 HDFS 文件中的数据进行快速查找

1. HBase 的存储机制

在 HBase 中，数据存储在具有行和列的表中。这似乎与关系型数据库类似，但其实并不类似。关系型数据库通过行与列确定一个要查找的值，而在 HBase 中通过行键、列（列族:列限定符）和时间戳来查找一个确定的值。故关系型数据库的表中值的映射关系为二维的，而 HBase 表中值的映射关系是多维的。下面通过官网给出的例子来理解 HBase 表的存储结构。其中，HBase 数据结构如表 4-2 所示。

表 4-2 HBase 数据结构

RowKey	TimeStamp	contents	anchor		people
		cnnsi.com	my.look.ca	html	
"com.cnn.www"	t9	"cnn"			
"com.cnn.www"	t8		"cnn.com"		
"com.cnn.www"	t6			"html..."	
"com.cnn.www"	t5			"html..."	
"com.cnn.www"	t3			"html..."	

表 4-2 描述的是一个名称为 webtable 表的部分数据。

（1）行键（RowKey）：表示一行数据 com.cnn.www。

（2）时间戳（TimeStamp）：表示表中每一个值对应的版本。

（3）列族（Column Family）：包含 contents、anchor 和 people 3 个列族。

（4）列限定符（Qualifier）：其中，contents 列族有一个列限定符——cnnsi.com；anchor 列族有两个列限定符——my.look.ca 和 html；people 列族是空列，即在 HBase 中没有数据。

（5）值（Value）：由{行键,时间戳,列族:列限定符}联合确定的值。例如，值“cnn”由{com.cnn.www,t9,contents:cnnsi.com}联合确定。

下面通过概念视图和物理视图来进一步讲述 HBase 表的存储。

2. 概念视图

在 HBase 中，从概念层面上讲，表 4-2 中展现的是由一组稀疏的行组成的表，期望按列族（contents、anchor 和 people）物理存储，并且可随时将新的列限定符（cnnsi.com、my.look.ca、html 等）添加到现有的列族中。每一个值都对应一个时间戳，每行行键的值相同。可以将这样的表想象成一个大的映射关系，通过行键、行键+时间戳或行键+列（列族:列限定符），就可以定位指定的数据。由于 HBase 是稀疏存储数据的，所以某些列可以是空白的。可以把这种关系用一个概念视图来表示，如表 4-3 所示。

表 4-3 HBase 表的概念视图

RowKey	TimeStamp	Column Family contents	Column Family anchor
"com.cnn.www"	t9		anchor:cnnsi.com="cnn"
	t8		anchor:my.look.ca="cnn.com"

续表

RowKey	TimeStamp	Column Family contents	Column Family anchor
"com.cnn.www"	t6	contents:html="<html>..."	
	t5	contents:html="<html>..."	
	t3	contents:html="<html>..."	

在解析表 4-3 所示的数据模型前，先来熟悉以下几个术语。

（1）表格（Table）：在表架构中，需要预先声明。

（2）行键（Row）：行键是数据行在表中的唯一标志，并作为检索记录的主键。表 4-3 中，“com.cnn.www”就是行键的值。一个表中会有若干个行键，且行键的值不能重复。行键按字典顺序排列，最低的顺序先出现在表格中。按行键检索一行数据，可以有效地减少查询特定行或指定行范围的时间。在 HBase 中，访问表中的行只有以下 3 种方式。

① 通过单个行键访问。

② 按给定行键的范围访问。

③ 进行全表扫描。

行键可以用任意字符串（字符串最大长度为 64KB）表示并按照字典顺序进行存储。对于经常一起读取的行，需要对行键的值进行精心设计，以便它们放在一起存储。

（3）列族：列族和表格一样需要在架构表时被预先声明，列族前缀必须由可输出的字符组成。从物理上讲，所有列族成员一起被存储在文件系统中。HBase 中的列限定符（Qualifier）被分组到列族中，不需要在架构时定义，可以在表启动并运行时动态变换列。例如，表 4-3 中的 contents 和 anchor 就是列族，而它们对应的列限定符（html、cnnsi.com、my.look.ca）在插入值时定义即可。

（4）单元（Cell）：一个{行键,列族:列限定符,时间戳}元组精确地指定了 HBase 中的一个单元。

（5）时间戳：默认取平台时间，也可自定义时间，是一行列中指定的多个版本值中的某个值的版本标志。例如，由{com.cnn.www,contents:html}确定 3 个值，这 3 个值可以被称为值的 3 个版本，而这 3 个版本分别对应的时间戳的值为 t6、t5、t3。

（6）值（Value）：由{行键,列族:列限定符,时间戳}确定。例如，值 cnn 由{com.cnn. www,anchor:cnnsi.com,t9}确定。

3. 物理视图

需要注意的是，表 4-2 中 people 列族在表 4-3 中并没有体现，原因是在 HBase 中没有值的单元格并不占用内存空间。HBase 是按照列存储的稀疏行/列矩阵，物理视图实际上就是对概念视图中的行进行切割，并按照列族进行存储。

表 4-3 所示的概念视图在物理存储的时候应该表现的模式（即物理视图）如表 4-4 所示。

表 4-4　HBase 表的物理视图

RowKey	TimeStamp	Column Family anchor
"com.cnn.www"	t9	anchor:cnnsi.com="cnn"
	t8	anchor:my.look.ca="cnn.com"
	t6	"contents:html="<html>..."
	t5	"contents:html="<html>..."
	t3	"contents:html="<html>..."

从表 4-4 中可以看出，空值是不被存储的，所以查询时间戳为 t8 的“contents:html”将返回 null；同样，查询时间戳为 t9 的“anchor:my.look.ca”也会返回 null。如果没有指明时间戳，那么应该返回指定列的最新数据值，并且最新的值在表格中是最先找到的，因为它们是按照时间排序的。所以，如果查询“contents:”而不指明时间戳，将返回时间戳为 t6 的数据；如果查询“anchor”的“my look.ca”而不指明时间戳，将返回时间戳为 t8 的数据。这种存储结构还有一个优势，即可以随时向 HBase 表中的任何一个列族添加新列，而不需要事先声明。

总之，HBase 表中最基本的单位是列。一列或多列形成一行，并依据唯一的行键确定存储。反之，表中有若干行，其中每列可能有多个版本，在每一个单元格中存储了不同的值。

一行由若干列组成，若干列又构成一个列族，这不仅有助于构建数据的语义边界或者局部边界，还有助于给它们设置某些特性（如压缩），或者指示它们如何存储在内存中。一个列族的所有列存储在同一个底层的存储文件中，这个存储文件称为 HFile。所有的行按照行键字典顺序进行排序存储。

行式数据库与列式数据库的比较如表 4-5 所示。

表 4-5　行式数据库与列式数据库的比较

行式数据库	列式数据库
适用于联机事务处理	适用于在线分析处理
被设计为小数目的行和列	被设计为巨大的表

HBase 和关系数据库管理系统（Relational Database Management System，RDBMS）的比较如表 4-6 所示。

表 4-6　HBase 和 RDBMS 的比较

HBase	RDBMS
HBase 无模式，不具有固定列模式的概念；仅定义列族	RDBMS 有模式，描述了表的整体结构的约束
创建为宽表，HBase 是横向扩展的	创建为细而小的表，很难形成规模
没有任何事务存在于 HBase 中	RDBMS 是事务性的
一般用于非规范化的数据	具有规范化的数据
主要用于处理半结构化及非结构化数据	用于处理结构化的数据

4. HBase 架构

从物理上说，HBase 是由 3 种类型的服务器以主从模式构成的。这 3 种服务器分别是 HRegion Server、HBase Master 和 ZooKeeper。其中，HRegion Server 负责数据的读写服务，用户通过 HRegion Server 来实现对数据的访问；HBase Master 负责 HRegion Server 的管理及数据库的创建和删除等操作；ZooKeeper 作为 HDFS 的一部分，负责维护集群的状态（监视服务器是否在线、服务器之间数据的同步操作及 Master 的选举等）。另外，Hadoop DataNode 负责存储所有 HRegion Server 所管理的数据；HBase 中的所有数据都是以 HDFS 文件的形式存储的。出于使 HRegion Server 所管理的数据更加本地化的考虑，HRegion Server 是根据 DataNode 分布的；HBase 的数据在写入的时候都存储在本地。但当某一个 Regions 被移除或被重新分配的时候，就可能产生数据不在本地的情况，在此不做讨论。NameNode 负责维护构成文件的所有物理数据块的元信息。HBase 架构如图 4-2 所示。

（1）ZooKeeper

HBase 利用 ZooKeeper 维护集群中服务器的状态并协调分布式系统的工作。ZooKeeper 使用一致性算法来保证服务器之间的同步，并负责 Master 选举的工作。需要注意的是，要想保证良好的一致性及顺利的 Master 选举，集群中的服务器的数目就必须是奇数。

（2）HMaster

HMaster 负责 Regions 的分配、数据库的创建和删除操作。具体来说，HMaster 的职责包括以下几点。

① 调控 HRegion Server 的工作。

② 在集群启动的时候分配 Regions，根据恢复服务或者负载均衡的需要重新分配 Regions。

③ 监控集群中的 HRegion Server 的工作状态。

④ 管理数据库。

⑤ 提供创建、删除或者更新表格的接口。

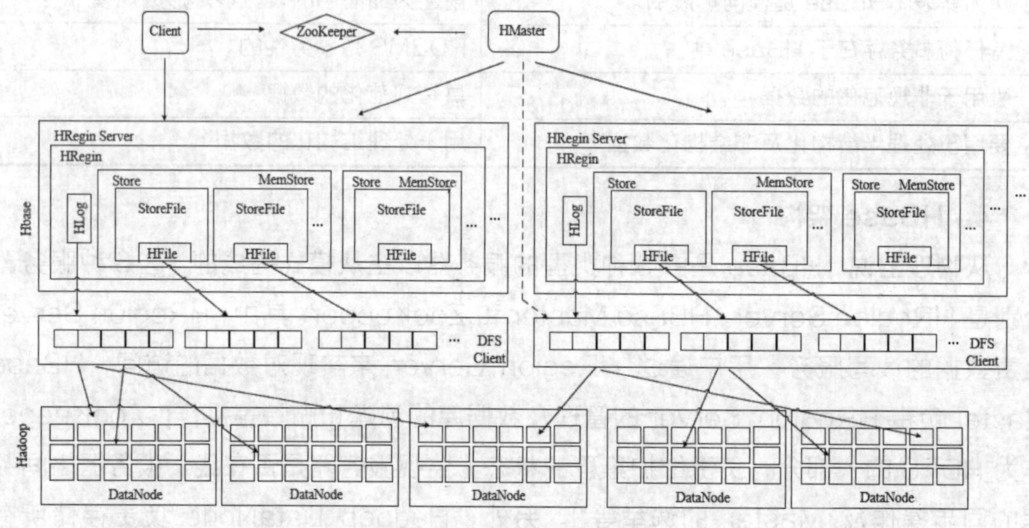

图 4-2 HBase 架构

（3）HRegion Server

所有的数据库数据一般都被保存在 Hadoop HDFS 中，用户通过一系列 HRegion Server 获取这些数据，一台机器上一般只运行一个 HRegion Server，且每一个区段的 HRegion 只会被一个 HRegion Server 维护。

HRegion Server 主要负责响应用户 I/O 请求，向 HDFS 读写数据，是 HBase 中最核心的模块。

HRegion Server 内部管理了一系列 HRegion 对象，每个 HRegion 对象对应了表中的一个 Region，HRegion 由多个 HStore 组成。每个 HStore 对应了表中的一个列族的存储，每个列族其实就是一个集中的存储单元。

（4）HRegion

HBase 中的表是根据行键的值水平分割为所谓的 Region 的。一个 Region 包含表中所有行键位于 Region 的起始键值和结束键值之间的行。从物理上讲，最初 HBase 中建立的 Region，随着表记录数的增加，表内容所占资源将不断增加，当增加到指定阈值时，一个表将被拆分为两块，每一块就是一个 HRegion。以此类推，表随着记录数的不断增加而变大后，会逐渐分裂为若干个 HRegion。一张完整的表格被保存在多个 HRegion 中。

（5）HStore

HStore 是 HBase 存储的核心，由 MemStore 和 StoreFile 组成。Client 写入的数据会先写入 MemStore，当 MemStore 满了之后会刷新为一个 StoreFile（底层实现是 HFile）。每个 Region 中的一个列族对应一个 MemStore。

（6）HLog

每个 HRegion Server 中都会有一个 HLog 对象，每次用户操作写入 MemStore 的同时，也会写一份数据到 HLog 文件中。当 HRegion Server 意外终止后，HMaster 会通过 ZooKeeper 感知，通过 HLog 文件完成数据恢复操作。

（7）HBase 的读写操作

HBase 中有一个特殊的起目录作用的表格，称为 Meta Table。Meta Table 中保存了集群 Regions 的地址信息。ZooKeeper 中会保存 Meta Table 的位置。

当第一次对 HBase 进行读或写操作时，将按照以下步骤执行。

① Client 从 ZooKeeper 中得到保存 Meta Table 的 HRegion Server 的信息。

② 向该 HRegion Server 查询负责管理需要访问的行键所在 Region 的 HRegion Server 地址。Client 会缓存这一信息及 Meta Table 所在位置的信息。

③ 与查询到的 HRegion Server 进行通信，实现对行的读写操作。在未来的读写操作中，Client 会根据缓存寻找相应的 HRegion Server 地址。当该 HRegion Server 不再可达时，Client 将会重新访问 Meta Table 并更新缓存。

5. HBase 的特点

（1）面向列：HBase 是面向列的存储和权限控制的，支持独立索引。列式存储的数据在表中是按照某列存储的，这样在只需要查询几个字段时，能大大减小读取的数据量。

（2）数据多版本：每个单元中的数据可以有多个版本，默认情况下，版本号自动分配，版本号就是单元格插入时的时间戳。

（3）稀疏性：对于值为空的列，其并不占用存储空间，因此表可以设计得非常稀疏。

（4）扩展性：底层依赖 HDFS。

（5）高可靠性：预写式日志（Write-Ahead Logging）机制保证了数据写入时不会因集群异常而导致写入数据丢失；Replication 机制保证了在集群出现严重的问题时，数据不会丢失或损坏。此外，HBase 底层使用了 HDFS，而 HDFS 本身也有备份。

（6）高性能：底层的 LSM 数据结构和行键有序排列等架构上的独特设计，使得 HBase 具有非常高的写入性能；Regions 切分、主键索引和缓存机制使得 HBase 在海量数据下具备一定的随机读取性能，该性能针对行键的查询速度能达到毫秒级别。

任务实施

1. HBase 单机模式部署

（1）HBase 的安装

下载好 HBase 的安装包后，进入其目录，执行命令“sudo tar -zxvf hbase-1.1.5-bin.tar.gz -C /usr/local”，解压安装包，如图 4-3 所示。

```
hadoop@ubuntu:~/Downloads$ sudo tar -zxvf hbase-1.1.5-bin.tar.gz -C /usr/local
```

图 4-3 解压安装包

执行命令“sudo mv hbase-1.1.5/ hbase”，将解压后的文件重命名为 hbase（以方便后续操作），如图 4-4 所示。

```
hadoop@ubuntu:/usr/local$ sudo mv hbase-1.1.5/ hbase
```

图 4-4 将解压后的文件重命名为 hbase

执行命令“sudo chown -R hadoop:hadoop hbase/”，修改 hbase 文件的权限，如图 4-5 所示。

```
hadoop@ubuntu:/usr/local$ sudo chown -R hadoop:hadoop hbase/
```

图 4-5 修改 hbase 文件的权限

（2）HBase 的配置

进入 conf 目录，编辑 hbase-site.xml 配置文件，如图 4-6 所示。

```
<configuration>
<property>
<name>hbase.rootdir</name>
<value>file:///usr/local/hbase/logs/site</value>
</property>
<property>
<name>hbase.cluster.distributed</name>
<value>true</value>
</property>
</configuration>
```

图 4-6 编辑 hbase-site.xml 配置文件

（3）HBase 的启动

配置完成后，执行命令“./bin/start-hbase.sh”，启动 HBase，如图 4-7 所示。

```
hadoop@ubuntu:/usr/local/hbase/conf$ ./bin/start-hbase.sh
```

图 4-7 启动 HBase

执行“jps”命令，查看系统进程，验证 HBase 单机部署成功，如图 4-8 所示。

```
hadoop@ubuntu:/usr/local/hbase$ jps
4674 HRegionServer
4786 Jps
4553 HMaster
```

图 4-8 查看系统进程

2. HBase 伪分布式模式部署

（1）基础环境的准备

HBase 伪分布模式下的数据需要存储在 HDFS 中，所以在进行 HBase 伪分布式模式的部署前，需要安装和配置 Hadoop 环境（详细步骤可参见项目 1），通过执行命令“start-all.sh”启动 Hadoop 服务，并通过执行“jps”命令查看 Hadoop 进程，如图 4-9 所示。

```
hadoop@ubuntu:~$ jps
2400 NameNode
3106 ResourceManager
3239 NodeManager
2936 SecondaryNameNode
2522 DataNode
3452 Jps
```

图 4-9 查看 Hadoop 进程

（2）伪分布式环境搭建

进入 HBase 安装包所在目录，执行命令“sudo tar -zxvfhbase-1.1.5-bin.tar.gz -C /usr/local”，解压 HBase 到指定路径中，如图 4-10 所示。

```
hadoop@ubuntu:~/Downloads$ sudo tar -zxvf hbase-1.1.5-bin.tar.gz -C /usr/local
```

图 4-10 解压 HBase 到指定路径中

解压完成后，通过执行命令“sudo chown -R hadoop:hadoop hbase-1.1.5/”修改 HBase 文件的权限，如图 4-11 所示。

```
hadoop@ubuntu:/usr/local$ sudo chown -R hadoop:hadoop hbase-1.1.5/
```

图 4-11 修改 HBase 文件的权限

修改文件权限后，对 HBase 文件进行重命名（以方便后续操作），如图 4-12 所示。

```
hadoop@ubuntu:/usr/local$ sudo mv hbase-1.1.5/ hbase
```

图 4-12 对 HBase 文件进行重命名

编辑环境变量，将 HBase 的安装路径添加到环境变量中，如图 4-13 所示。

```
hadoop@ubuntu: /usr/local
# ~/.bash_aliases, instead of adding them here directly.
# See /usr/share/doc/bash-doc/examples in the bash-doc package.

if [ -f ~/.bash_aliases ]; then
    . ~/.bash_aliases
fi

# enable programmable completion features (you don't need to enable
# this, if it's already enabled in /etc/bash.bashrc and /etc/profile
# sources /etc/bash.bashrc).
if ! shopt -oq posix; then
  if [ -f /usr/share/bash-completion/bash_completion ]; then
    . /usr/share/bash-completion/bash_completion
  elif [ -f /etc/bash_completion ]; then
    . /etc/bash_completion
  fi
fi
export JAVA_HOME=/usr/local/java
export HADOOP_HOME=/usr/local/hadoop
export HIVE_HOME=/usr/local/hive
export HBASE_HOME=/usr/local/hbase
PATH=$PATH:$JAVA_HOME/bin:$HADOOP_HOME/bin:$HADOOP_HOME/sbin:$HIVE_HOME/bin:$HBA
SE_HOME/bin:
                                                              122.1         Bot
```

图 4-13 编辑环境变量

编辑完成后，需要执行命令“source ~/.bashrc”，使环境变量生效，如图 4-14 所示。

```
hadoop@ubuntu:/usr/local$ source ~/.bashrc
```

图 4-14 使环境变量生效

进入 Hbase 的 conf 目录，并执行“ls”命令以查看文件，可以看到 conf 目录中有配置文件 hbase-env.sh 和 hbase-site.xml，如图 4-15 所示。

```
hadoop@ubuntu:/usr/local/hbase/conf$ ls
hadoop-metrics2-hbase.properties  hbase-policy.xml  regionservers
hbase-env.cmd                     hbase-site.xml
hbase-env.sh                      log4j.properties
```

图 4-15 查看文件

首先，编辑配置文件 hbase-env.sh，如图 4-16 所示。

```
export JAVA_HOME=/usr/local/java
export HBASE_MANAGERS_ZK=true
```

图 4-16 编辑配置文件 hbase-env.sh

其次，编辑配置文件 hbase-site.xml，如图 4-17 所示。

```
hadoop@ubuntu: /usr/local/hbase/conf
 * to you under the Apache License, Version 2.0 (the
 * "License"); you may not use this file except in compliance
 * with the License.  You may obtain a copy of the License at
 *
 *     http://www.apache.org/licenses/LICENSE-2.0
 *
 * Unless required by applicable law or agreed to in writing, software
 * distributed under the License is distributed on an "AS IS" BASIS,
 * WITHOUT WARRANTIES OR CONDITIONS OF ANY KIND, either express or implied
 * See the License for the specific language governing permissions and
 * limitations under the License.
 */
-->
<configuration>
<property>
<name>hbase.rootdir</name>
<value>hdfs://localhost:9000/hbase</value>
</property>
<property>
<name>hbase.cluster.distributed</name>
<value>true</value>
</property>
</configuration>
                                                          31,1
```

图 4-17　编辑配置文件 hbase-site.xml

（3）启动 HBase

进入 Hbase 安装目录，并执行命令“./bin/start-hbase.sh”，启动 HBase，如图 4-18 所示。

```
hadoop@ubuntu:/usr/local/hbase$ ./bin/start-hbase.sh
localhost: starting zookeeper, logging to /usr/local/hbase/bin/../logs/hbase-had
oop-zookeeper-ubuntu.out
starting master, logging to /usr/local/hbase/logs/hbase-hadoop-master-ubuntu.out
Java HotSpot(TM) 64-Bit Server VM warning: ignoring option PermSize=128m; suppor
t was removed in 8.0
Java HotSpot(TM) 64-Bit Server VM warning: ignoring option MaxPermSize=128m; sup
port was removed in 8.0
starting regionserver, logging to /usr/local/hbase/logs/hbase-hadoop-1-regionser
ver-ubuntu.out
```

图 4-18　启动 HBase

（4）查看系统进程

执行命令“jps”，查看系统进程，验证 HBase 伪分布式环境部署成功，如图 4-19 所示。

```
hadoop@ubuntu:/usr/local/hbase$ jps
7570 SecondaryNameNode
8852 HMaster
8790 HQuorumPeer
7352 DataNode
7849 NodeManager
8972 HRegionServer
7724 ResourceManager
7229 NameNode
9055 Jps
```

图 4-19　查看系统进程

3. 使用内置 ZooKeeper 搭建 HBase 集群

(1)基础环境的准备

3 台节点已经安装配置好了 Hadoop 完全分布式环境。在主节点 Master 上执行命令“start-all.sh”，启动 Hadoop，如图 4-20 所示。

```
hadoop@master:/home/hbase/conf$ start-all.sh
This script is Deprecated. Instead use start-dfs.sh and start-yarn.sh
Starting namenodes on [master]
master: starting namenode, logging to /home/doc/hadoop/logs/hadoop-hadoop-nameno
de-master.out
slave2: starting datanode, logging to /home/doc/hadoop/logs/hadoop-hadoop-datano
de-slave2.out
slave1: starting datanode, logging to /home/doc/hadoop/logs/hadoop-hadoop-datano
de-slave1.out
Starting secondary namenodes [0.0.0.0]
0.0.0.0: starting secondarynamenode, logging to /home/doc/hadoop/logs/hadoop-had
oop-secondarynamenode-master.out
starting yarn daemons
starting resourcemanager, logging to /home/doc/hadoop/logs/yarn-hadoop-resourcem
anager-master.out
slave2: starting nodemanager, logging to /home/doc/hadoop/logs/yarn-hadoop-nodem
anager-slave2.out
slave1: starting nodemanager, logging to /home/doc/hadoop/logs/yarn-hadoop-nodem
anager-slave1.out
```

图 4-20 启动 Hadoop

启动成功后，在 3 台节点上执行“jps”命令，查看进程信息，如图 4-21～图 4-23 所示。

```
hadoop@master:/home/hbase/conf$  jps
13204 ResourceManager
16132 Jps
12843 NameNode
13036 SecondaryNameNode
```

图 4-21 Master 节点进程信息

```
hadoop@slave1:~$ jps
16080 Jps
14817 NodeManager
14690 DataNode
```

图 4-22 slave1 节点进程信息

```
hadoop@slave2:~$ jps
2322 NodeManager
2205 DataNode
2495 Jps
```

图 4-23 slave2 节点进程信息

(2)集群环境的搭建

在主节点 Master 上进入 home 目录，执行命令“tar -zxvf /home/hbase-1.1.5-bin.tar.gz -C /home”，解压 HBase 安装包，如图 4-24 所示。

```
hadoop@master:~$ cd /home/
hadoop@master:/home$ tar -zxvf /home/hbase-1.1.5-bin.tar.gz -C /home/
```

图 4-24 进入 home 目录并解压 HBase 安装包

将解压后的 HBase 包重命名为 hbase，如图 4-25 所示。

```
hadoop@master:/home$ mv hbase-1.1.5 hbase
hadoop@master:/home$ ls
hadoop  hbase  hbase-1.1.5-bin.tar.gz
```

图 4-25　将解压后的 HBase 包重命名为 hbase

编辑环境变量文件，并让环境变量立即生效，如图 4-26 所示。

```
export JAVA_HOME=/usr/local/jdk/java
export HBASE_HOME=/home/hbase
export HIVE_HOME=/home/hive
export SQOOP_HOME=/home/sqoop
export PATH=${HIVE_HOME}/bin:${SQOOP_HOME}/bin:$PATH:${HBASE_HOME}/bin
export PATH=${JAVA_HOME}/bin:$PATH
export HADOOP_HOME=/home/doc/hadoop
export PATH=${HADOOP_HOME}/bin:${HADOOP_HOME}/sbin:$PATH
```

图 4-26　编辑环境变量文件

进入 hbase 的 conf 目录，查看配置文件，可以发现 conf 目录中有很多配置文件，如 hbase-env.sh、hbase-site.xml 和 regionservers 等，如图 4-27 所示。

```
hadoop@master:/home/hbase/conf$ ls
hadoop-metrics2-hbase.properties  hbase-policy.xml  regionservers
hbase-env.cmd                     hbase-site.xml
hbase-env.sh                      log4j.properties
```

图 4-27　查看配置文件

首先，编辑配置文件 hbase-env.sh，如图 4-28 所示。

```
#
export JAVA_HOME=/usr/local/java
export HBASE_CLASSPATH=/home/hadoop/etc/hadoop
export HBASE_MANAGERS_ZK=true
#/**
# * Licensed to the Apache Software Foundation (ASF) under one
# * or more contributor license agreements.  See the NOTICE file
# * distributed with this work for additional information
# * regarding copyright ownership.  The ASF licenses this file
# * to you under the Apache License, Version 2.0 (the
# * "License"); you may not use this file except in compliance
# * with the License.  You may obtain a copy of the License at
# *
# *     http://www.apache.org/licenses/LICENSE-2.0
# *
# * Unless required by applicable law or agreed to in writing, software
# * distributed under the License is distributed on an "AS IS" BASIS,
# * WITHOUT WARRANTIES OR CONDITIONS OF ANY KIND, either express or implied.
# * See the License for the specific language governing permissions and
# * limitations under the License.
# */

# Set environment variables here.
-- INSERT --                                              3,48          Top
```

图 4-28　编辑配置文件 hbase-env.sh

其次，编辑配置文件 hbase-site.xml，如图 4-29 所示。

```
<configuration>
<property>
<name>hbase.rootdir</name>
<value>hdfs://master:9000/hbase</value>
</property>
<property>
<name>hbase.cluster.distributed</name>
<value>true</value>
</property>
<property>
<name>hbase.master</name>
<value>hdfs://master:60000</value>
</property>
<property>
<name>hbase.zookeeper.quorum</name>
<value>master:2181,slave1:2181,slave2:2181</value>
</property>
```

图 4-29　编辑配置文件 hbase-site.xml

再次，编辑配置文件 regionservers，如图 4-30 所示。

```
master
slave1
slave2
```

图 4-30　编辑配置文件 regionservers

最后，将 hbase 目录复制到 slave1 和 slave2 两个节点的 home 目录中，如图 4-31 和图 4-32 所示。

```
hadoop@master:/home$ scp -r hbase slave1:/home/
```

图 4-31　将 hbase 目录复制到 slave1 节点的 home 目录中

```
hadoop@master:/home$ scp -r hbase slave2:/home/
```

图 4-32　将 hbase 目录复制到 slave2 节点的 home 目录中

（3）启动 HBase

分别进入 3 个节点的 zookeeper/bin 目录，通过执行命令“./zkServer.sh start”启动服务，如图 4-33～图 4-35 所示。

```
hadoop@master:/usr/local/zookeeper/zookeeper/bin$ ./zkServer.sh start
ZooKeeper JMX enabled by default
Using config: /usr/local/zookeeper/zookeeper/bin/../conf/zoo.cfg
Starting zookeeper ... STARTED
```

图 4-33　启动 ZooKeeper 集群（Master）

```
hadoop@slave1:/usr/local/zookeeper/zookeeper/bin$ ./zkServer.sh  start
ZooKeeper JMX enabled by default
Using config: /usr/local/zookeeper/zookeeper/bin/../conf/zoo.cfg
Starting zookeeper ... STARTED
```

图 4-34　启动 ZooKeeper 集群（slave1）

```
hadoop@slave2:/usr/local/zookeeper/zookeeper/bin$ ./zkServer.sh start
ZooKeeper JMX enabled by default
Using config: /usr/local/zookeeper/zookeeper/bin/../conf/zoo.cfg
Starting zookeeper ... STARTED
```

图 4-35　启动 ZooKeeper 集群（slave2）

注意

由于 HBase 是基于 HDFS 的，故应该先启动 HDFS（先启动 Hadoop），然后再启动 HBase，即启动顺序是 Hadoop→HBase。另外，如果使用独立的 ZooKeeper 实例（系统中使用单独安装的 ZooKeeper），需要先手动启动 ZooKeeper 实例，即启动顺序是 Hadoop→ZooKeeper→HBase，停止顺序与启动顺序正好相反。

在 3 台节点上查看 ZooKeeper 节点的状态，如图 4-36～图 4-38 所示。

```
hadoop@master:/usr/local/zookeeper$ ./zookeeper/bin/zkServer.sh status
ZooKeeper JMX enabled by default
Using config: /usr/local/zookeeper/zookeeper/bin/../conf/zoo.cfg
Mode: leader
```

图 4-36　查看 ZooKeeper 节点的状态（Master）

```
hadoop@slave1:/usr/local/zookeeper$ ./zookeeper/bin/zkServer.sh status
ZooKeeper JMX enabled by default
Using config: /usr/local/zookeeper/zookeeper/bin/../conf/zoo.cfg
Mode: follower
```

图 4-37　查看 ZooKeeper 节点的状态（slave1）

```
hadoop@slave2:/usr/local/zookeeper$ ./zookeeper/bin/zkServer.sh status
ZooKeeper JMX enabled by default
Using config: /usr/local/zookeeper/zookeeper/bin/../conf/zoo.cfg
Mode: follower
```

图 4-38　查看 ZooKeeper 节点的状态（slave2）

在主节点 Master 上进入目录 HBase 的 bin 目录，执行命令“./start-hbase.sh”，启动 HBase，如图 4-39 所示。

```
hadoop@master:/home/hbase/bin$ ./start-hbase.sh
master: running zookeeper, logging to /home/hbase/bin/../logs/hbase-hadoop-zooke
eper-master.out
slave2: running zookeeper, logging to /home/hbase/bin/../logs/hbase-hadoop-zooke
eper-slave2.out
slave1: running zookeeper, logging to /home/hbase/bin/../logs/hbase-hadoop-zooke
eper-slave1.out
running master, logging to /home/hbase/logs/hbase-hadoop-master-master.out
Java HotSpot(TM) 64-Bit Server VM warning: ignoring option PermSize=128m; suppor
t was removed in 8.0
Java HotSpot(TM) 64-Bit Server VM warning: ignoring option MaxPermSize=128m; sup
port was removed in 8.0
slave2: running regionserver, logging to /home/hbase/bin/../logs/hbase-hadoop-re
gionserver-slave2.out
slave1: running regionserver, logging to /home/hbase/bin/../logs/hbase-hadoop-re
gionserver-slave1.out
master: running regionserver, logging to /home/hbase/bin/../logs/hbase-hadoop-re
gionserver-master.out
slave2: Java HotSpot(TM) 64-Bit Server VM warning: ignoring option PermSize=128m
; support was removed in 8.0
slave2: Java HotSpot(TM) 64-Bit Server VM warning: ignoring option MaxPermSize=1
28m; support was removed in 8.0
```

图 4-39　启动 HBase

在各个节点上执行命令“jps”，可以查看启动的 HBase 进程，如图 4-40～图 4-42 所示。

```
hadoop@master:~$ jps
23024 NameNode
23409 ResourceManager
26625 HRegionServer
20023 QuorumPeerMain
27277 Jps
23245 SecondaryNameNode
27102 HMaster
```

图 4-40　查看启动的 HBase 进程（Master）

```
hadoop@slave1:~$ jps
17648 Jps
16352 QuorumPeerMain
17141 DataNode
17558 HRegionServer
17259 NodeManager
```

图 4-41　查看启动的 HBase 进程（slave1）

```
hadoop@slave2:~$ jps
17506 Jps
16999 DataNode
17415 HRegionServer
16153 QuorumPeerMain
17117 NodeManager_
```

图 4-42　查看启动的 HBase 进程（slave2）

在主节点 Master 上进入 HBase 的命令行模式，即执行命令“./hbase shell”，如图 4-43 所示。

```
hadoop@master:/home/hbase/bin$ ./hbase shell
SLF4J: Class path contains multiple SLF4J bindings.
SLF4J: Found binding in [jar:file:/usr/local/hbase/lib/slf4j-log4j12-1.7.5.jar!/
org/slf4j/impl/StaticLoggerBinder.class]
SLF4J: Found binding in [jar:file:/usr/local/hadoop/share/hadoop/common/lib/slf4
j-log4j12-1.7.10.jar!/org/slf4j/impl/StaticLoggerBinder.class]
SLF4J: See http://www.slf4j.org/codes.html#multiple_bindings for an explanation.
SLF4J: Actual binding is of type [org.slf4j.impl.Log4jLoggerFactory]
HBase Shell; enter 'help<RETURN>' for list of supported commands.
Type "exit<RETURN>" to leave the HBase Shell
Version 1.1.5, r239b80456118175b340b2e562a5568b5c744252e, Sun May  8 20:29:26 PD
T 2016

hbase(main):001:0>
```

图 4-43　在主节点 Master 上进入 HBase 的命令行模式

查看集群的运行状态，如图 4-44 所示。

在主节点 Master 上查看 HBase 的管理界面。在浏览器地址栏中输入“http://master:16010/master.status”，如图 4-45 所示。

```
hbase(main):002:0> status 'detailed'
version 1.1.5
0 regionsInTransition
master coprocessors: []
3 live servers
    slave1:16020 1533856900248
        requestsPerSecond=0.0, numberOfOnlineRegions=0, usedHeapMB=13, maxHeapMB
=235, numberOfStores=0, numberOfStorefiles=0, storefileUncompressedSizeMB=0, sto
refileSizeMB=0, memstoreSizeMB=0, storefileIndexSizeMB=0, readRequestsCount=0, w
riteRequestsCount=0, rootIndexSizeKB=0, totalStaticIndexSizeKB=0, totalStaticBlo
omSizeKB=0, totalCompactingKVs=0, currentCompactedKVs=0, compactionProgressPct=N
aN, coprocessors=[]
    master:16020 1533856880210
        requestsPerSecond=0.0, numberOfOnlineRegions=1, usedHeapMB=15, maxHeapMB
=235, numberOfStores=1, numberOfStorefiles=1, storefileUncompressedSizeMB=0, sto
refileSizeMB=0, memstoreSizeMB=0, storefileIndexSizeMB=0, readRequestsCount=8, w
riteRequestsCount=1, rootIndexSizeKB=0, totalStaticIndexSizeKB=0, totalStaticBlo
omSizeKB=0, totalCompactingKVs=0, currentCompactedKVs=0, compactionProgressPct=N
aN, coprocessors=[MultiRowMutationEndpoint]
        "hbase:meta,,1"
            numberOfStores=1, numberOfStorefiles=1, storefileUncompressedSizeMB=
0, lastMajorCompactionTimestamp=1532503968211, storefileSizeMB=0, memstoreSizeMB
=0, storefileIndexSizeMB=0, readRequestsCount=8, writeRequestsCount=1, rootIndex
SizeKB=0, totalStaticIndexSizeKB=0, totalStaticBloomSizeKB=0, totalCompactingKVs
=0, currentCompactedKVs=0, compactionProgressPct=NaN, completeSequenceId=-1, dat
aLocality=0.0
    slave2:16020 1533856899155
        requestsPerSecond=0.0, numberOfOnlineRegions=1, usedHeapMB=12, maxHeapMB
=235, numberOfStores=1, numberOfStorefiles=1, storefileUncompressedSizeMB=0, sto
refileSizeMB=0, memstoreSizeMB=0, storefileIndexSizeMB=0, readRequestsCount=4, w
riteRequestsCount=0, rootIndexSizeKB=0, totalStaticIndexSizeKB=0, totalStaticBlo
```

图 4-44　查看集群的运行状态

master:16010/master-status

APACHE HBASE　Home　Table Details　Local Logs　Log Level　Debug Dump　Metrics Dump　HBase Configuration

Master master

Region Servers

Base Stats　Memory　Requests　Storefiles　Compactions

ServerName	Start time	Version	Requests Per Second	Num. Regions
master,16020,1512372612876	Mon Dec 04 07:30:12 UTC 2017	1.1.5	0	0
slave1,16020,1512372612831	Mon Dec 04 07:30:12 UTC 2017	1.1.5	0	1
slave2,16020,1512372612945	Mon Dec 04 07:30:12 UTC 2017	1.1.5	0	1
Total:3			0	2

图 4-45　查看 HBase 的管理界面

任务 4.2　HBase Shell 操作

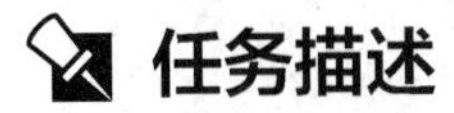

任务描述

学习 HBase Shell 的相关知识，熟悉 HBase Shell 的常用操作。

任务目标

（1）熟悉 HBase Shell 的相关知识。

（2）学会 HBase Shell 的常用操作。

知识准备

HBase 包含可以与 HBase 进行通信的 Shell。HBase Shell 支持的命令如下。

1．通用命令

（1）status：提供 HBase 的状态信息，如服务器的数量。

（2）version：提供正在使用的 HBase 版本信息。

（3）table_help：查看某张表进行操作的基本命令。

（4）whoami：提供有关用户的信息。

2．数据定义语言命令

下面是关于 HBase 的表操作命令。

（1）create：创建一张表。

（2）list：列出 HBase 的所有表。

（3）disable：禁用表。

（4）is_disabled：验证表是否被禁用。

（5）enable：启用一张表。

（6）is_enabled：验证表是否已启用。

（7）describe：提供了一张表的描述信息。

（8）alter：修改表。

（9）exists：验证表是否存在。

（10）drop：从 HBase 中删除表。

（11）drop_all：删除在命令中给出了匹配正则表达式的表。

3．数据操作语言命令

（1）put：把指定列和指定行中单元格的值存储在一张特定的表中。

（2）get：取行或单元格的内容。

（3）delete：删除表中的单元格的值。

（4）deleteall：删除给定行的所有单元格的值。

（5）scan：扫描并返回表数据。

（6）count：计数并返回表中的行的数目。

（7）truncate：禁用、删除和重新创建一张指定的表。

任务实施

1．启动 HBase

3 台节点已经安装配置好了 Hadoop 完全分布式环境。在主节点 Master 的任意目录中执行命令“start-all.sh”，启动 Hadoop，如图 4-46 所示。

```
hadoop@master:/home/hbase/conf$ start-all.sh
This script is Deprecated. Instead use start-dfs.sh and start-yarn.sh
Starting namenodes on [master]
master: starting namenode, logging to /home/doc/hadoop/logs/hadoop-hadoop-nameno
de-master.out
slave2: starting datanode, logging to /home/doc/hadoop/logs/hadoop-hadoop-datano
de-slave2.out
slave1: starting datanode, logging to /home/doc/hadoop/logs/hadoop-hadoop-datano
de-slave1.out
Starting secondary namenodes [0.0.0.0]
0.0.0.0: starting secondarynamenode, logging to /home/doc/hadoop/logs/hadoop-had
oop-secondarynamenode-master.out
starting yarn daemons
starting resourcemanager, logging to /home/doc/hadoop/logs/yarn-hadoop-resourcem
anager-master.out
slave2: starting nodemanager, logging to /home/doc/hadoop/logs/yarn-hadoop-nodem
anager-slave2.out
slave1: starting nodemanager, logging to /home/doc/hadoop/logs/yarn-hadoop-nodem
anager-slave1.out
```

图 4-46　启动 Hadoop

启动成功后，在 3 台节点上执行“jps”命令，查看进程信息，如图 4-47～图 4-49 所示。

```
hadoop@master:/home/hbase/conf$  jps
13204 ResourceManager
16132 Jps
12843 NameNode
13036 SecondaryNameNode
```

图 4-47　查看进程信息（Master）

```
hadoop@slave1:~$ jps
16080 Jps
14817 NodeManager
14690 DataNode
```

图 4-48　查看进程信息（slave1）

```
hadoop@slave2:~$ jps
2322 NodeManager
2205 DataNode
2495 Jps
```

图 4-49　查看进程信息（slave2）

分别进入 3 个节点的 zookeeper/bin 目录，通过执行命令“./zkServer.sh start”启动 ZooKeeper 集群，如图 4-50～图 4-52 所示。

```
hadoop@master:/usr/local/zookeeper/zookeeper/bin$ ./zkServer.sh start
ZooKeeper JMX enabled by default
Using config: /usr/local/zookeeper/zookeeper/bin/../conf/zoo.cfg
Starting zookeeper ... STARTED
```

图 4-50　启动 ZooKeeper 集群（Master）

```
hadoop@slave1:/usr/local/zookeeper/zookeeper/bin$ ./zkServer.sh  start
ZooKeeper JMX enabled by default
Using config: /usr/local/zookeeper/zookeeper/bin/../conf/zoo.cfg
Starting zookeeper ... STARTED
```

图 4-51　启动 ZooKeeper 集群（slave1）

```
hadoop@slave2:/usr/local/zookeeper/zookeeper/bin$ ./zkServer.sh start
ZooKeeper JMX enabled by default
Using config: /usr/local/zookeeper/zookeeper/bin/../conf/zoo.cfg
Starting zookeeper ... STARTED
```

图 4-52　启动 ZooKeeper 集群（slave2）

在 3 台节点上查看 ZooKeeper 节点的状态，如图 4-53～图 4-55 所示。

```
hadoop@master:/usr/local/zookeeper$ ./zookeeper/bin/zkServer.sh status
ZooKeeper JMX enabled by default
Using config: /usr/local/zookeeper/zookeeper/bin/../conf/zoo.cfg
Mode: leader
```

图 4-53　查看 ZooKeeper 节点的状态（Master）

```
hadoop@slave1:/usr/local/zookeeper$ ./zookeeper/bin/zkServer.sh status
ZooKeeper JMX enabled by default
Using config: /usr/local/zookeeper/zookeeper/bin/../conf/zoo.cfg
Mode: follower
```

图 4-54　查看 ZooKeeper 节点的状态（slave1）

```
hadoop@slave2:/usr/local/zookeeper$ ./zookeeper/bin/zkServer.sh status
ZooKeeper JMX enabled by default
Using config: /usr/local/zookeeper/zookeeper/bin/../conf/zoo.cfg
Mode: follower
```

图 4-55　查看 ZooKeeper 节点的状态（slave2）

在主节点 Master 上进入目录 HBase 的 bin 目录，执行命令“./start-hbase.sh”，启动 HBase，如图 4-56 所示。

```
hadoop@master:/home/hbase/bin$ ./start-hbase.sh
master: running zookeeper, logging to /home/hbase/bin/../logs/hbase-hadoop-zooke
eper-master.out
slave2: running zookeeper, logging to /home/hbase/bin/../logs/hbase-hadoop-zooke
eper-slave2.out
slave1: running zookeeper, logging to /home/hbase/bin/../logs/hbase-hadoop-zooke
eper-slave1.out
running master, logging to /home/hbase/logs/hbase-hadoop-master-master.out
Java HotSpot(TM) 64-Bit Server VM warning: ignoring option PermSize=128m; suppor
t was removed in 8.0
Java HotSpot(TM) 64-Bit Server VM warning: ignoring option MaxPermSize=128m; sup
port was removed in 8.0
slave2: running regionserver, logging to /home/hbase/bin/../logs/hbase-hadoop-re
gionserver-slave2.out
slave1: running regionserver, logging to /home/hbase/bin/../logs/hbase-hadoop-re
gionserver-slave1.out
master: running regionserver, logging to /home/hbase/bin/../logs/hbase-hadoop-re
gionserver-master.out
slave2: Java HotSpot(TM) 64-Bit Server VM warning: ignoring option PermSize=128m
; support was removed in 8.0
slave2: Java HotSpot(TM) 64-Bit Server VM warning: ignoring option MaxPermSize=1
28m; support was removed in 8.0
```

图 4-56　启动 HBase

在各个节点上执行命令“jps”，查看 HBase 进程，如图 4-57～图 4-59 所示。

```
hadoop@master:~$ jps
23024 NameNode
23409 ResourceManager
26625 HRegionServer
20023 QuorumPeerMain
27277 Jps
23245 SecondaryNameNode
27102 HMaster
```

图 4-57　查看 HBase 进程（Master）

```
hadoop@slave1:~$ jps
17648 Jps
16352 QuorumPeerMain
17141 DataNode
17558 HRegionServer
17259 NodeManager
```

图 4-58　查看 HBase 进程（slave1）

```
hadoop@slave2:~$ jps
17506 Jps
16999 DataNode
17415 HRegionServer
16153 QuorumPeerMain
17117 NodeManager
```

图 4-59　查看 HBase 进程（slave2）

2. HBase Shell 操作

在主节点 Master 上进入 HBase 的命令行模式，即执行命令“./bin/hbase shell”，如图 4-60 所示。

```
hadoop@master:/home/hbase/bin$ ./hbase shell
SLF4J: Class path contains multiple SLF4J bindings.
SLF4J: Found binding in [jar:file:/usr/local/hbase/lib/slf4j-log4j12-1.7.5.jar!/
org/slf4j/impl/StaticLoggerBinder.class]
SLF4J: Found binding in [jar:file:/usr/local/hadoop/share/hadoop/common/lib/slf4
j-log4j12-1.7.10.jar!/org/slf4j/impl/StaticLoggerBinder.class]
SLF4J: See http://www.slf4j.org/codes.html#multiple_bindings for an explanation.
SLF4J: Actual binding is of type [org.slf4j.impl.Log4jLoggerFactory]
HBase Shell; enter 'help<RETURN>' for list of supported commands.
Type "exit<RETURN>" to leave the HBase Shell
Version 1.1.5, r239b80456118175b340b2e562a5568b5c744252e, Sun May  8 20:29:26 PD
T 2016

hbase(main):001:0>
```

图 4-60　进入 HBase 的命令行模式

创建 student 表，其属性有 name、sex、age、dept、course，如图 4-61 所示。因为 HBase 的表中会有一个系统默认的属性作为行键，因此无需自行创建行键。

```
hbase(main):001:0>  create 'student','name','sex','age','dept','course'
0 row(s) in 1.8760 seconds

=> Hbase::Table - student
```

图 4-61　创建 student 表

创建好 student 表后，可通过执行“describe 'student'”命令查看 student 表的基本信息，如图 4-62 所示。

```
hbase(main):002:0> describe 'student'
Table student is ENABLED
student
COLUMN FAMILIES DESCRIPTION
{NAME => 'age', BLOOMFILTER => 'ROW', VERSIONS => '1', IN_MEMORY => 'false', KEE
P_DELETED_CELLS => 'FALSE', DATA_BLOCK_ENCODING => 'NONE', TTL => 'FOREVER', COM
PRESSION => 'NONE', MIN_VERSIONS => '0', BLOCKCACHE => 'true', BLOCKSIZE => '655
36', REPLICATION_SCOPE => '0'}
{NAME => 'course', BLOOMFILTER => 'ROW', VERSIONS => '1', IN_MEMORY => 'false',
KEEP_DELETED_CELLS => 'FALSE', DATA_BLOCK_ENCODING => 'NONE', TTL => 'FOREVER',
COMPRESSION => 'NONE', MIN_VERSIONS => '0', BLOCKCACHE => 'true', BLOCKSIZE => '
65536', REPLICATION_SCOPE => '0'}
{NAME => 'dept', BLOOMFILTER => 'ROW', VERSIONS => '1', IN_MEMORY => 'false', KE
EP_DELETED_CELLS => 'FALSE', DATA_BLOCK_ENCODING => 'NONE', TTL => 'FOREVER', CO
MPRESSION => 'NONE', MIN_VERSIONS => '0', BLOCKCACHE => 'true', BLOCKSIZE => '65
536', REPLICATION_SCOPE => '0'}
{NAME => 'name', BLOOMFILTER => 'ROW', VERSIONS => '1', IN_MEMORY => 'false', KE
EP_DELETED_CELLS => 'FALSE', DATA_BLOCK_ENCODING => 'NONE', TTL => 'FOREVER', CO
MPRESSION => 'NONE', MIN_VERSIONS => '0', BLOCKCACHE => 'true', BLOCKSIZE => '65
536', REPLICATION_SCOPE => '0'}
{NAME => 'sex', BLOOMFILTER => 'ROW', VERSIONS => '1', IN_MEMORY => 'false', KEE
P_DELETED_CELLS => 'FALSE', DATA_BLOCK_ENCODING => 'NONE', TTL => 'FOREVER', COM
PRESSION => 'NONE', MIN_VERSIONS => '0', BLOCKCACHE => 'true', BLOCKSIZE => '655
36', REPLICATION_SCOPE => '0'}
5 row(s) in 0.2230 seconds

hbase(main):003:0>
```

图 4-62　查看 student 表的基本信息

通过执行命令“list”命令查看所有表，如图 4-63 所示。

```
hbase(main):004:0> list
TABLE
student
1 row(s) in 0.0250 seconds

=> ["student"]
hbase(main):005:0>
```

图 4-63　查看所有表

在添加数据时，HBase 会自动为添加的数据增加一个时间戳，故在需要修改数据时，只需直接添加数据，HBase 便会生成一个新版本，从而完成更新操作，旧的版本依旧保留，系统会定时回收垃圾数据，只留下最新的几个版本，保存的版本数可以在创建表的时候指定。HBase 中使用“put”命令添加数据，一次只能为一张表的一行数据的一个列（即一个单元格）添加数据，所以直接使用 Shell 命令插入数据的效率很低，在实际应用中，一般利用编程操作数据。当执行命令“put 'student','95001','name','LiMing'”时，表示为 student 表添加了学号为 95001、名字为 LiMing 的一行数据，其行键为 95001，如图 4-64 所示。

为 95001 行下的 course 列族的 math 列添加数据，其命令如图 4-65 所示。

```
hbase(main):005:0> put 'student','95001','name','LiMing'
0 row(s) in 0.2020 seconds

hbase(main):006:0>
```

图 4-64　添加数据

```
hbase(main):006:0> put 'student','95001','course:math','80'
0 row(s) in 0.1450 seconds

hbase(main):007:0>
```

图 4-65　为 math 列添加数据

在 HBase 中用“delete”及“deleteall”命令可进行删除数据操作，它们的区别如下：delete 用于删除一个数据，是 put 的反向操作；deleteall 操作用于删除一行数据。例如，删除 student 表中 95001 行下的 sex 列的数据，如图 4-66 所示。

```
hbase(main):009:0> delete 'student','95001','sex'
0 row(s) in 0.0600 seconds

hbase(main):010:0> get 'student','95001'
COLUMN                CELL
 course:math          timestamp=1533905320627, value=80
 name:                timestamp=1533905259991, value=LiMing
1 row(s) in 0.1130 seconds

hbase(main):011:0>
```

图 4-66　删除数据（delete）

又如，删除 student 表中的 95001 行的全部数据，如图 4-67 所示。

```
hbase(main):011:0>   deleteall 'student','95001'
0 row(s) in 0.0370 seconds

hbase(main):012:0> scan 'student'
ROW                   COLUMN+CELL
0 row(s) in 0.0620 seconds

hbase(main):013:0>
```

图 4-67　删除数据（deleteall）

HBase 中有两个用于查看数据的命令：“get”命令——用于查看表的某一个单元格的数据；“scan”命令——用于查看某张表的全部数据。例如，查看 student 表 95001 行的数据，如图 4-68 所示。

```
hbase(main):013:0> get 'student','95001'
COLUMN                CELL
0 row(s) in 0.0300 seconds

hbase(main):014:0> scan 'student'
ROW                   COLUMN+CELL
0 row(s) in 0.0160 seconds

hbase(main):015:0>
```

图 4-68　查看数据

当需要删除表时，需要先将其禁用，再执行删除表操作，如图 4-69 所示。

```
hbase(main):015:0> disable 'student'
0 row(s) in 2.3280 seconds

hbase(main):016:0> drop 'student'
0 row(s) in 1.3040 seconds

hbase(main):017:0> list
TABLE
0 row(s) in 0.0360 seconds

=> []
hbase(main):018:0>
```

图 4-69　删除表

当需要查询表的历史版本时，操作步骤如下。

（1）在创建表时指定保存的版本数（假设指定为 5），如图 4-70 所示。

```
hbase(main):018:0> create 'teacher',{NAME=>'username',VERSIONS=>5}
0 row(s) in 1.2620 seconds

=> Hbase::Table - teacher
hbase(main):019:0>
```

图 4-70　创建表时指定保存的版本数

（2）插入并更新数据，使其产生历史版本数据，如图 4-71 所示。注意：这里插入数据和更新数据都使用了"put"命令。

```
hbase(main):019:0>    put 'teacher','91001','username','Mary'
0 row(s) in 0.0720 seconds

hbase(main):020:0>    put 'teacher','91001','username','Mary1'
0 row(s) in 0.0150 seconds

hbase(main):021:0>    put 'teacher','91001','username','Mary2'
0 row(s) in 0.0220 seconds

hbase(main):022:0>    put 'teacher','91001','username','Mary3'
0 row(s) in 0.0350 seconds

hbase(main):023:0>    put 'teacher','91001','username','Mary4'
0 row(s) in 0.0120 seconds

hbase(main):024:0>    put 'teacher','91001','username','Mary5'
0 row(s) in 0.0220 seconds

hbase(main):025:0>
```

图 4-71　插入并更新数据

（3）查询时，指定查询的历史版本数，默认返回最新的数据（有效取值为 1～5），如图 4-72 所示。

（4）退出 HBase 数据库，执行命令"exit"即可，如图 4-73 所示。注意：这里退出 HBase 数据库是指退出对数据库表的操作，而不是停止 HBase 数据库的后台运行。

```
hbase(main):025:0>  get 'teacher','91001',{COLUMN=>'username',VERSIONS=>4}
COLUMN                 CELL
 username:             timestamp=1533905744959, value=Mary5
 username:             timestamp=1533905742998, value=Mary4
 username:             timestamp=1533905741103, value=Mary3
 username:             timestamp=1533905738556, value=Mary2
1 row(s) in 0.0700 seconds

hbase(main):026:0>  get 'teacher','91001',{COLUMN=>'username',VERSIONS=>5}
COLUMN                 CELL
 username:             timestamp=1533905744959, value=Mary5
 username:             timestamp=1533905742998, value=Mary4
 username:             timestamp=1533905741103, value=Mary3
 username:             timestamp=1533905738556, value=Mary2
 username:             timestamp=1533905736601, value=Mary1
1 row(s) in 0.0940 seconds

hbase(main):027:0>
```

图 4-72　指定查询的历史版本数

```
hbase(main):027:0>  exit
hadoop@slave1:/home/hbase$
```

图 4-73　退出 HBase 数据库

项目 5 Hadoop常用工具组件的安装与应用

学习目标

【知识目标】

1. 识记 Hadoop 常用工具组件（Sqoop、Pig、Flume）的作用。
2. 领会 Hadoop 各组件的功能与联系。

【技能目标】

1. 学会 Hadoop 常用工具组件（Sqoop、Pig、Flume）的安装。
2. 学会 Hadoop 常用工具组件（Sqoop、Pig、Flume）的使用。

项目描述

Hadoop 是一套大数据的工作环境，其包含很多组件，它有两个核心组件——被称为 HDFS 的 Hadoop 分布式文件系统，以及被称为 MapReduce 的编程框架。有一些支持项目充分利用了 HDFS 和 MapReduce。在做大数据分析业务时，具体使用哪种组件，需要视业务逻辑需求而定。

本项目主要介绍 Sqoop、Pig、Flume 组件的安装配置及简单应用。

任务 5.1 Sqoop 的安装与应用

任务描述

（1）学习 Sqoop 相关知识内容，熟悉 Sqoop 的作用，完成 Sqoop 的安装与配置等。

（2）使用 Sqoop 完成 MySQL 和 HDFS 之间的数据互导。

任务目标

（1）学会 Sqoop 的安装与配置。

（2）学会使用 Sqoop 完成 MySQL 和 HDFS 之间的数据互导。

知识准备

Sqoop（SQL-to-Hadoop）是一个开源工具，主要用于在 Hadoop（Hive）与传统的数据库（MySQL、Oracle 等）之间进行数据传递，可以将一个关系型数据库（如 MySQL、Oracle、PostgreSQL 等）中的数据导入 Hadoop 的 HDFS 中，也可以将 HDFS 的数据导入关系型数据库中。

对于某些 NoSQL 数据库，Sqoop 也提供了连接器。Sqoop 类似于其他 ETL[Extract-Transform-Load，用来描述将数据从源端经过萃取（Extract）、转换（Transform）、加载（Load）至目的端的过程]工具，使用元数据模型来判断数据类型，并在数据从数据源转移到 Hadoop 时确保类型进行安全的数据处理。Sqoop 专为大数据批量传输设计，能够通过分割数据集并创建 Hadoop 任务来处理每个区块。

Sqoop 项目诞生于 2009 年，最早作为 Hadoop 的一个第三方模块存在，后来为了让使用者快速部署，也为了使开发人员更快速地进行迭代开发，Sqoop 独立成为一个 Apache 项目。

1. Sqoop 的核心功能

Sqoop 本质上是一个命令行工具，其核心功能包含以下 2 项。

（1）导入数据：从 MySQL、Oracle 导入数据到 Hadoop 的 HDFS、Hive、HBase 等数据存储系统中。

（2）导出数据：从 Hadoop 的文件系统中导出数据到关系型数据库中。

2. Sqoop 中 import 命令的使用

（1）默认情况下，通过使用“import”命令可导入数据到 HDFS 中，实例如下。

```
$ bin/sqoop import \
--connect jdbc:mysql://hostname:3306/mydb \
--username root \
--password root \
--table mytable
```

（2）指定目录和 Mapper 个数，并导入 HDFS 中。

① 创建目录。

```
${HADOOP_HOME}/bin/hdfs dfs -mkdir -p /user/sqoop/
```

② 设置 Mapper 个数为 1，指定目录为 bin/sqoop，如果目标目录已经存在，则先删除原目录，再创建新目录，实例如下。

```
$ bin/sqoop import \
--connect jdbc:mysql://blue01.mydomain:3306/mydb \
--username root \
--password root \
--table my_user \
--target-dir /user/hive/warehouse/my_user \
--delete-target-dir \
--num-mappers 1 \
--fields-terminated-by "\t" \
--columns   id,passwd \
--where "id<=3"
```

（3）将增量数据导入 HDFS 文件中时，可以通过对“check-column”“incremental”“last-value”3 个参数进行设置来实现，实例如下。

```
$ bin/sqoop import \
--connect jdbc:mysql://hostname:3306/mydb \
--username root \
--password root \
--table mytable \
--num-mappers 1 \
--target-dir /user/sqoop/ \
--fields-terminated-by "\t" \
--check-column id \
--incremental append \
--last-value 4          //表示从第 5 位开始导入
```

（4）指定文件格式并导入 HDFS。默认情况下，导入数据到 HDFS 中时，文件存储格式为 textfile，可以通过对属性进行指定，使文件存储格式为 parquet file，实例如下。

```
$ bin/sqoop import \
--connect jdbc:mysql://hostname:3306/mydb \
--username root \
--password root \
--table mytable \
--num-mappers 1 \
--target-dir /user/sqoop/ \
--fields-terminated-by "\t" \
--as-parquetfile
```

（5）指定压缩格式并导入 HDFS。默认情况下，导入的 HDFS 文件是不压缩的，可以通过对属性“compress”“compression-codec”进行设置实现压缩，实例如下。

```
$ bin/sqoop import \
--connect jdbc:mysql://hostname:3306/mydb \
--username root \
--password root \
--table mytable \
--num-mappers 1 \
--target-dir /user/sqoop/ \
--fields-terminated-by "\t" \
--compress \
--compression-codec org.apache.hadoop.io.compress.SnappyCodec
```

（6）将 Select 查询结果导入 HDFS 中时，必须在 Where 子句中包含“$CONDITIONS”，实例如下。

```
$ bin/sqoop import \
--connect jdbc:mysql://hostname:3306/mydb \
--username root \
--password root \
--target-dir /user/hive/warehouse/mydb.db/mytable \
--delete-target-dir \
--num-mappers 1 \
--fields-terminated-by "\t" \
```

```
--query 'select id,account from my_user where id>=3 and $CONDITIONS'
```

（7）导入数据到 Hive 中，实例如下。

```
$ bin/sqoop import \
--connect jdbc:mysql://hostname:3306/mydb \
--username root \
--password root \
--table mytable \
--num-mappers 1 \
--hive-import \
--hive-database mydb \
--hive-table mytable \
--fields-terminated-by "\t" \
--delete-target-dir \
--hive-overwrite
```

3. Sqoop 中 export 命令的使用

（1）这里以数据导入为例进行说明，实例如下。

① 导入数据到 HDFS 中。

```
export
--connect jdbc:mysql://hostname:3306/mydb
--username root
--password root
--table mytable
--num-mappers 1
--export-dir /user/hive/warehouse/mydb.db/mytable
--input-fields-terminated-by "\t"
```

② 执行脚本。

```
$ bin/sqoop  --options-file ***.opt
```

（2）从 Hive 或者 HDFS 中导出数据到 MySQL 中，实例如下。

```
$ bin/sqoop export \
--connect jdbc:mysql://hostname:3306/mydb \
--username root \
--password root \
```

```
--table mytable \
--num-mappers 1 \
--export-dir /user/hive/warehouse/mydb.db/mytable \
--input-fields-terminated-by "\t"
```

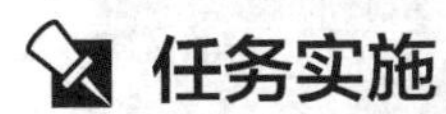

任务实施

1. 安装与配置 Sqoop

（1）安装与配置所需的软件

右键单击 Ubuntu 操作系统的桌面，在弹出的快捷菜单中选择“Open in Terminal”选项，打开终端，在终端中执行命令“cd ~/Downloads”，进入 Sqoop 软件包所在的文件夹，并通过执行命令“ls”查看文件夹中的所有软件，如图 5-1 所示。

```
hadoop@ubuntu:~/Downloads$ ls
apache-hive-1.2.2-bin.tar.gz                mysql-connector-java-5.0.8
google-chrome-stable_current_amd64.deb      mysql-connector-java-5.0.8.tar.gz
hadoop-2.7.6.tar.gz                         pycharm-professional-2018.1.4.tar.gz
hbase-1.1.5-bin.tar.gz                      sqoop-1.4.7.bin__hadoop-2.6.0.tar.gz
jdk-8u172-linux-x64.tar.gz
```

图 5-1　查看文件夹中的所有软件

执行命令“sudo tar -zxvf sqoop-1.4.7.bin_hadoop-2.6.0.tar.gz -C /usr/local”，解压 Sqoop 安装包到指定目录中，如图 5-2 所示。

```
hadoop@ubuntu:/usr/local$ sudo tar -zxvf sqoop-1.4.7.bin__hadoop-2.6.0.tar.gz -C
/usr/local
```

图 5-2　解压 Sqoop 安装包到指定目录中

对 Sqoop 文件进行重命名（以方便后续操作），如图 5-3 所示。

```
hadoop@ubuntu:/usr/local$ sudo mv sqoop-1.4.7.bin__hadoop-2.6.0 /sqoop
```

图 5-3　对 Sqoop 文件进行重命名

执行命令“sudo chown -R hadoop:hadoop sqoop/”，修改 sqoop 文件夹的权限，如图 5-4 所示。

```
hadoop@ubuntu:/usr/local$ sudo chown -R hadoop:hadoop sqoop/
```

图 5-4　修改 sqoop 文件夹的权限

（2）配置 sqoop-env.sh

执行命令“cat sqoop-env-template.sh >>sqoop-env.sh”，复制配置文件

sqoop-env-template.sh，并将其重命名为 sqoop-env.sh，如图 5-5 所示。

```
hadoop@ubuntu:/usr/local/sqoop/conf$ cat sqoop-env-template.sh >>sqoop-env.sh
```

图 5-5　复制并重命名配置文件

编辑 sqoop-env.sh 文件，分别将 Hadoop、HBase、Hive、ZooKeeper 的安装目录添加到文件中，如图 5-6 所示。

```
hadoop@ubuntu: /usr/local/sqoop/conf
# (the "License"); you may not use this file except in compliance with
# the License.  You may obtain a copy of the License at
#
#     http://www.apache.org/licenses/LICENSE-2.0
#
# Unless required by applicable law or agreed to in writing, software
# distributed under the License is distributed on an "AS IS" BASIS,
# WITHOUT WARRANTIES OR CONDITIONS OF ANY KIND, either express or implied.
# See the License for the specific language governing permissions and
# limitations under the License.

# included in all the hadoop scripts with source command
# should not be executable directly
# also should not be passed any arguments, since we need original $*

# Set Hadoop-specific environment variables here.

#Set path to where bin/hadoop is available
export HADOOP_COMMON_HOME=/usr/local/hadoop

#Set path to where hadoop-*-core.jar is available
export HADOOP_MAPRED_HOME=/usr/local/hadoop

#set the path to where bin/hbase is available
export HBASE_HOME=/usr/local/hbase

#Set the path to where bin/hive is available
export HIVE_HOME=/usr/local/hive

#Set the path for where zookeper config dir is
#export ZOOCFGDIR=
                                                  35,1          Bot
```

图 5-6　编辑 sqoop-env.sh 文件

（3）配置环境变量

执行命令“sudo vim ~/.bashrc”，配置环境变量，将 Sqoop 的安装路径添加到 bashrc 文件中，如图 5-7 所示。

```
export JAVA_HOME=/usr/local/java
export HADOOP_HOME=/usr/local/hadoop
export HIVE_HOME=/usr/local/hive
export HBASE_HOME=/usr/local/hbase
export SQOOP_HOME=/usr/local/sqoop
PATH=$PATH:$JAVA_HOME/bin:$HADOOP_HOME/bin:$HADOOP_HOME/sbin:$HIVE_HOME/bin:$HBA
SE_HOME/bin:$SQOOP_HOME/bin:
```

图 5-7　配置环境变量

执行命令“source ~/.bashrc”，使配置的环境变量生效，如图 5-8 所示。

```
hadoop@ubuntu:/usr/local/sqoop/conf$ source ~/.bashrc
```

图 5-8　使配置的环境变量生效

（4）配置 MySQL 连接

执行命令“cp mysql-connector-java-5.0.8-bin.jar /usr/local/sqoop/lib/”，添加 MySQL 的 JAR 包到 Sqoop 安装目录中，即配置 MySQL 连接，如图 5-9 所示。

```
hadoop@ubuntu:/usr/local/hive/lib$ cp mysql-connector-java-5.0.8-bin.jar /usr/lo
cal/sqoop/lib/
```

图 5-9　配置 MySQL 连接

（5）测试 Sqoop 与 MySQL 之间的连接

执行命令“service mysql start”，启动 MySQL 服务，如图 5-10 所示。

```
hadoop@ubuntu:/usr/local/sqoop/conf$ service mysql start
```

图 5-10　启动 MySQL 服务

执行命令“sqoop list-databases --connect jdbc:mysql://localhost:3306 --username root -password 123456”，测试 Sqoop 与 MySQL 之间的连接是否成功，如图 5-11 所示。

```
hadoop@ubuntu:/usr/local/sqoop/conf$ sqoop list-databases --connect jdbc:mysql:/
/localhost:3306 --username root -password 123456
```

图 5-11　测试 Sqoop 与 MySQL 之间的连接是否成功

如果可以看到 MySQL 数据库中的数据库列表，则表示 Sqoop 安装成功，如图 5-12 所示。

```
hadoop@ubuntu:/usr/local/sqoop/conf$ sqoop list-databases --connect jdbc:mysql:/
/localhost:3306 --username root -password 123456
Warning: /usr/local/sqoop/../hcatalog does not exist! HCatalog jobs will fail.
Please set $HCAT_HOME to the root of your HCatalog installation.
Warning: /usr/local/sqoop/../accumulo does not exist! Accumulo imports will fail
.
Please set $ACCUMULO_HOME to the root of your Accumulo installation.
18/07/25 23:24:03 INFO sqoop.Sqoop: Running Sqoop version: 1.4.7
18/07/25 23:24:04 WARN tool.BaseSqoopTool: Setting your password on the command-
line is insecure. Consider using -P instead.
18/07/25 23:24:04 INFO manager.MySQLManager: Preparing to use a MySQL streaming
resultset.
information_schema
hive
mysql
performance_schema
sys
```

图 5-12　Sqoop 安装成功

2. 使用 Sqoop 完成 MySQL 和 HDFS 之间的数据互导

（1）上传准备好的测试数据到 MySQL 中

登录 MySQL，如图 5-13 所示。

```
hadoop@ubuntu:~/Downloads$ mysql -uroot -p
Enter password:
Welcome to the MySQL monitor.  Commands end with ; or \g.
Your MySQL connection id is 8
Server version: 5.7.22-0ubuntu0.16.04.1 (Ubuntu)

Copyright (c) 2000, 2018, Oracle and/or its affiliates. All rights reserved.

Oracle is a registered trademark of Oracle Corporation and/or its
affiliates. Other names may be trademarks of their respective
owners.

Type 'help;' or '\h' for help. Type '\c' to clear the current input statement.

mysql> _
```

图 5-13　登录 MySQL

在测试数据库 test 中创建表 test1，用于存放本地测试数据，如图 5-14 所示。

```
mysql> use test;
Database changed
mysql> create table test1(
    -> ip varchar(100) not null,
    -> time varchar(100) not null,
    -> url varchar(100) not null);
Query OK, 0 rows affected (0.21 sec)
```

图 5-14　创建表 test1

将本地的测试数据上传到 test1 表中，如图 5-15 所示。

```
mysql> load data local infile "~/Downloads/test.txt" into table test1(ip,time,ur
l);
```

图 5-15　将本地的测试数据上传到 test1 表中

上传完成后，查看 test1 表中的前 10 条数据，如图 5-16 所示。

```
mysql> select * from test1 limit 10;
+-----------------+----------------+---------------------------------------------
------------------------------------------+
| ip              | time           | url
                                          |
+-----------------+----------------+---------------------------------------------
------------------------------------------+
| 111.145.51.149  | 20130530184851 | forum.php?mod=image&aid=18322&size=300x300&
key=6c372c86470a6cea&nocache=yes&type=fixnone |
| 220.181.108.89  | 20130531020223 | forum.php
                                          |
| 203.208.60.61   | 20130531020223 | home.php?mod=space&uid=42714&do=profile
                                          |
| 1.202.219.124   | 20130531020223 | home.php?mod=space&uid=12026&do=share&view=
me&from=space&type=thread                 |
| 124.239.208.72  | 20130530184851 | api/connect/like.php
                                          |
| 212.227.59.49   | 20130531020219 | data/cache/style_1_forum_viewthread.css?F97
                                          |
| 110.90.190.163  | 20130531020224 | forum.php
                                          |
| 123.119.31.31   | 20130531020225 | api.php?mod=js&bid=65
                                          |
| 101.131.180.242 | 20130530184852 | template/newdefault/style/t5/nv.png
                                          |
| 110.178.201.232 | 20130531020224 | home.php?mod=space&uid=17496&do=profile&mob
ile=yes                                   |
+-----------------+----------------+---------------------------------------------
------------------------------------------+
10 rows in set (0.00 sec)
```

图 5-16　查看 test1 表中的前 10 条数据

（2）上传数据到 HDFS 中

将 test1 中的数据上传到 HDFS 中，如图 5-17 所示。

```
hadoop@ubuntu:/usr/local/sqoop/bin$ sqoop  import --connect jdbc:mysql://localho
st:3306/test --username root --password 123456 --table test1 -m 1
```

图 5-17　将 test1 中的数据上传到 HDFS 中

执行完上述操作后，执行命令“hadoop dfs -text /user/hadoop/test1/part-m-00000”，在 HDFS 中查看导入的数据，如图 5-18 所示。

```
topicsubmit=yes&ajaxmenu=1&inajax=1
59.53.182.238,20130530191601,data/cache/style_1_forum_viewthread.css?F97
137.116.209.40,20130531033820,api.php?mod=js&bid=94
59.53.182.238,20130530191601,data/cache/style_1_common.css?F97
223.208.81.23,20130531033817,forum.php?mod=post&action=newthread&fid=111
59.53.182.238,20130530191557,thread-63-1-1.html
61.135.249.207,20130531033821,forum.php?action=reply&extra&fid=55&mod=post&page=
1&tid=9853
121.28.44.115,20130531033822,api.php?mod=js&bid=94
59.53.182.238,20130530191601,source/plugin/wmff_wxyun/img/wmff_zk.css
202.104.231.135,20130531033821,member.php?mod=logging&action=login
59.53.182.238,20130530191601,template/newdefault/style/t5/bgimg.jpg
223.241.165.17,20130531033823,home.php?mod=misc&ac=sendmail&rand=1369942698
110.75.174.57,20130531033823,home.php?do=follower&mod=follow&uid=83693
59.53.182.238,20130530191601,source/plugin/wmff_wxyun/img/wx_jqr.gif
218.30.103.91,20130531033824,viewthread.jsp?tid=159&page=8&authorid=903
223.208.81.23,20130531033823,forum.php?mod=post&action=newthread&fid=111&extra=&
topicsubmit=yes&ajaxmenu=1&inajax=1
202.104.231.135,20130531033823,forum.php?mod=post&action=newthread&fid=101
59.53.182.238,20130530191601,template/newdefault/style/t5/nv.png
62.212.73.211,20130531033824,forum.php?mod=redirect&goto=findpost&ptid=43573&pid
=292381 HTTP/1.0
202.104.231.135,20130531033825,forum.php?mod=post&action=newthread&fid=101&extra
=&topicsubmit=yes&inajax=1
59.53.182.238,20130530191601,template/newdefault/style/t5/nv_a.png
14.154.243.135,20130531033826,forum.php?mod=ajax&action=forumchecknew&fid=111&ti
me=1369940801&inajax=yes
110.75.174.58,20130531033826,home.php?do=follower&mod=follow&uid=85757
117.80.227.217,20130531033828,api.php?mod=js&bid=94
```

图 5-18　在 HDFS 中查看导入的数据

（3）将 HDFS 数据导入 MySQL 中

在导出前需要先创建导出表的结构，如果导出的表在数据表中不存在，则系统会报错；若重复导出数据，则表中的数据会重复。

准备数据表。在 test 数据库中创建表 test2，可以直接复制 test1 表的结构，如图 5-19 所示。

```
mysql> create table test2 as select * from test1 where 1=2;
Query OK, 0 rows affected (0.58 sec)
Records: 0  Duplicates: 0  Warnings: 0
```

图 5-19　创建表 test2

使用 Sqoop 将 HDFS 中的数据导入 MySQL 的 test2 中，如图 5-20 所示。

```
hadoop@ubuntu:/usr/local/sqoop/bin$ sqoop  export --connect jdbc:mysql://localho
st:3306/test --username root --password 123456 --table test2 --export-dir /user/
hadoop/test1/part-m-00000 -m 1
```

图 5-20　使用 Sqoop 将 HDFS 中的数据导入 test2 中

在 MySQL 中查询数据，查看 test2 表中的前 10 条数据，验证导入数据的正确性，如图 5-21 所示。

```
mysql> select * from test2 limit 10;
+-----------------+----------------+---------------------------------------------------------------------------------+
| ip              | time           | url                                                                             |
+-----------------+----------------+---------------------------------------------------------------------------------+
| 111.145.51.149  | 20130530184851 | forum.php?mod=image&aid=18322&size=300x300&key=6c372c86470a6cea&nocache=yes&type=fixnone |
| 220.181.108.89  | 20130531020223 | forum.php                                                                       |
| 203.208.60.61   | 20130531020223 | home.php?mod=space&uid=42714&do=profile                                         |
| 1.202.219.124   | 20130531020223 | home.php?mod=space&uid=12026&do=share&view=me&from=space&type=thread            |
| 124.239.208.72  | 20130530184851 | api/connect/like.php                                                            |
| 212.227.59.49   | 20130531020219 | data/cache/style_1_forum_viewthread.css?F97                                     |
| 110.90.190.163  | 20130531020224 | forum.php                                                                       |
| 123.119.31.31   | 20130531020225 | api.php?mod=js&bid=65                                                           |
| 101.131.180.242 | 20130530184852 | template/newdefault/style/t5/nv.png                                             |
| 110.178.201.232 | 20130531020224 | home.php?mod=space&uid=17496&do=profile&mobile=yes                              |
+-----------------+----------------+---------------------------------------------------------------------------------+
```

图 5-21　查看 test2 表中的前 10 条数据

任务 5.2　Pig 的安装与应用

任务描述

（1）学习 Pig 的相关知识，熟悉 Pig 的作用，完成 Pig 的安装与配置等。

（2）使用 Pig 完成简单的数据分析。

任务目标

（1）学会 Pig 的安装与配置。

（2）学会使用 Pig 进行简单的数据分析。

知识准备

1. Apache Pig 概述

Apache Pig 是 MapReduce 的一个抽象。它是一个工具/平台，用于分析较大的数据集，并将数据集表示为数据流。Pig 通常与 Hadoop 一起使用，可以使用 Apache Pig 在 Hadoop 中执行所有的数据处理操作。

当要编写数据分析程序时，Pig 中提供了一种称为 Pig Latin 的高级语言。该语言提供了各种操作符，程序员可以利用其开发自己的用于读取、写入和处理数据的脚本。

要想使用 Pig 分析数据，程序员需要使用 Pig Latin 语言编写脚本。所有脚本都在内部转换为 Map 和 Reduce 任务。Pig 的工作原理如图 5-22 所示。

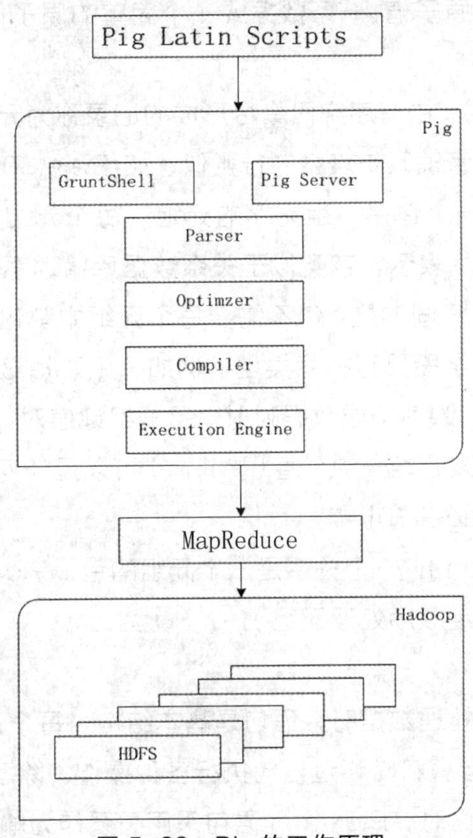

图 5-22　Pig 的工作原理

2. Pig Latin 的数据模型

Pig Latin 的数据模型是完全嵌套的，它允许使用复杂的非原子数据类型，如 Map 和 Tuple。Pig Latin 的数据模型如图 5-23 所示。

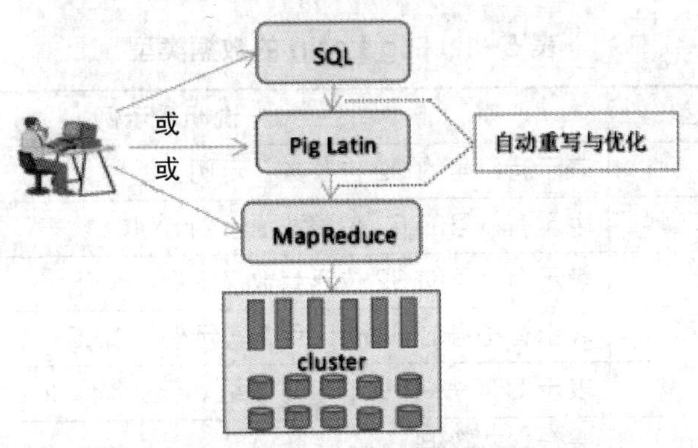

图 5-23　Pig Latin 的数据模型

（1）原子（Atom）：Pig Latin 中的任何数据类型的单个值都称为原子。它存储为字符串，可以用作字符串和数字。Int、long、float、double、chararray 和 bytearray 都是 Pig 的原子值。一条数据或一个简单的原子值被称为字段，如“raja”或“30”。

（2）元组（Tuple）：由有序字段集合形成的记录称为元组，字段可以是任意类型。元组与关系数据库管理系统表中的行类似，如(Raja,30)。

（3）包（Bag）：一个包是一组无序的元组。每个元组可以有任意数量的字段（灵活模式）。包由“{}”表示。它类似于关系数据库管理系统中的表，但是与关系数据库管理系统中的表不同的是，包不需要每个元组中都包含相同数量的字段，或者相同位置（列）中的字段具有相同类型。例如，{(Raja,30),(Mohammad,45)}。

（4）映射（Map）：映射（或数据映射）是一组键值对。其中，键（Key）必须是字符数组类型，且应该是唯一的；值（Value）可以是任何类型，它由“[]”表示。例如，['name' 'Raja','age' 30]。

（5）关系（Relation）：一个关系是一个元组的包。Pig Latin 中的关系是无序的（不能保证按任何特定顺序处理元组）。

3. Pig 语句基础

在使用 Pig Latin 处理数据时，语句是基本结构。每个语句以分号（;）结尾。使用 Pig Latin 提供的运算符可通过语句执行各种操作。除了 LOAD 和 STORE 语句之外，在执行其他操作时，Pig Latin 语句采用关系作为输入，并产生另一个关系作为输出。只要在 Shell 中输入 LOAD 语句，就会执行语义检查。要查看模式的内容，需要使用 DUMP 运算符。只有在执行 DUMP 操作后，才会执行将数据加载到文件系统中的 MapReduce 任务。

Pig Latin 的数据类型如表 5-1 所示。

表 5-1 Pig Latin 的数据类型

序号	数据类型	说明&示例
1	int	表示有符号的 32 位整数。示例：8
2	long	表示有符号的 64 位整数。示例：5L
3	float	表示有符号的 32 位浮点数。示例：5.5F
4	double	表示有符号的 64 位浮点数。示例：10.5
5	chararray	表示 UTF-8 格式的字符数组。示例：'w3cschool'
6	bytearray	表示字节数组
7	boolean	表示布尔值。示例：true

续表

序号	数据类型	说明＆示例
8	datetime	表示日期时间。示例：1970-01-01T00:00:00.000 + 00:00
9	biginteger	表示 Java BigInteger。示例：60708090709
10	bigdecimal	表示 Java BigDecimal。示例：185.98376256272893883
11	tuple	元组是有序的字段集。示例：(raja,30)
12	bag	包是元组的集合。示例：{(raja,30),(Mohammad,45)}
13	map	映射是一组键值对。示例：['name' 'Raja','age' 30]

上述数据类型的值可以为 null。Pig 以与 SQL 类似的方式处理空值。null 可以是未知值或不存在值，它用作可选值的占位符。

Pig Latin 的结构运算符如表 5-2 所示。

表 5-2 Pig Latin 的结构运算符

运算符	描述	示例
()	元组构造函数运算符，此运算符用于构建元组	(Raja,30)
{}	包构造函数运算符，此运算符用于构造包	{(Raja,30),(Mohammad,45)}
[]	映射构造函数运算符，此运算符用于构造一个映射	['name' 'Raja','age' 30]

Pig Latin 的关系运算符如表 5-3 所示。

表 5-3 Pig Latin 的关系运算符

运算符	描述
加载和存储	
LOAD	将数据从文件系统（local/HDFS）加载到关系中
STORE	将数据从文件系统（local/HDFS）存储到关系中
过滤	
FILTER	从关系中删除不需要的行
DISTINCT	从关系中删除重复行
FOREACH，GENERATE	基于数据列生成数据转换
STREAM	使用外部程序转换关系

续表

运算符	描述
	分组和连接
JOIN	连接两个或多个关系
COGROUP	将数据分组为两个或多个关系
GROUP	在单个关系中对数据进行分组
CROSS	创建两个或多个关系的向量积
	排序
ORDER	基于一个或多个字段按顺序（升序或降序）排列关系
LIMIT	从关系中获取有限数量的元组
	合并和拆分
UNION	将两个或多个关系合并为单个关系
SPLIT	将单个关系拆分为两个或多个关系
	诊断运算符
DUMP	在控制台中输出关系的内容
DESCRIBE	描述关系的模式
EXPLAIN	查看逻辑、物理或 MapReduce 执行计划以计算关系
ILLUSTRATE	查看一行

4. 输入和输出

（1）加载

任何一种数据流的第一步都是指定输入。在 Pig Latin 中，通过 LOAD 语句来完成输入操作。默认情况下，LOAD 使用默认加载函数 PigStorage，加载存放在 HDFS 中且以“Tab”键进行分割的文件，如“divs=load 'pig_test'”。用户也可以通过指定一个完整的 URL 路径来加载文件，如 hdfs://xx.test.com/data/ pig_test，其表示可以从 NameNode 为 xx.test.com 的 HDFS 中读取文件。

实际上，用户的大部分数据并非是使用“Tab”键进行分割的文件，也有可能需要从其他非 HDFS 的存储系统中加载数据。Pig 允许用户在加载数据时通过 using 句式指定其他加载函数。例如，从 HBase 中加载数据的语句如下。

```
divs = load 'pig_test' using HBasestorage();
```

如果没有指定加载函数，那么会使用内置的加载函数 PigStorage。用户同样可以通过 using 句式为使用的加载函数指定参数。例如，如果想读取以逗号分割的文本文件数据，那么 PigStorage 会接收一个指定分隔符的参数，语句如下。

```
divs = load 'pig_test' using PigStorage(',');
```

LOAD 语句也可以有 as 句式，这个句式可以为用户加载的数据指定模式，模式相当于列名。

当从 HDFS 中访问指定文件的时候，用户也可以指定文件夹。在这种情况下，Pig 会遍历用户指定的文件夹中的所有文件，并将它们作为 LOAD 语句的输入。

PigStorage 和 TextLoader 是内置的可操作 HDFS 文件的 Pig 加载函数，是支持模式匹配的。通过模式匹配，用户可以读取不在同一个目录中的多个文件，或者读取一个文件夹中的部分文件。其正则匹配语法如下：?匹配任意单个字符；*匹配零个或多个字符；[abc]匹配字符集合{a,b,c}所包含的任意一个字符；[a-z]匹配指定范围内的任意字符；[^abc] 匹配未包含的任意字符，其中符号^匹配输入字符串的开始位置；[^a-z]匹配不在指定范围内的任意字符；\c 移除（转义）字符 c 所表达的特殊含义；{ab,cd} 匹配字符串集合{ab,cd}中的任意字符串。

（2）存储

当用户处理完数据之后，需要把结果写到某个地方。Pig 提供了 STORE 语句进行写入数据的操作。默认情况下，Pig 使用 PigStorage 将结果数据以“Tab”键作为分隔符，存储到 HDFS 的 data 目录中。如果用户没有显式指定存储函数，那么将会默认使用 PigStorage。用户可以使用 using 句式指定不同的存储函数，语句如下。

```
store processed into '/data' using HBaseStorage();
```

用户也可以传参数给其使用的存储函数。例如，如果想将数据存储为以逗号分割的文本数据，则 PigStorage 会接收一个指定分隔符的参数，语句如下。

```
store processed into '/data' using PigStorage(',');
```

当写到文件系统中后，data 目录中包含多个文件，而不是一个文件。但是到底会生成多少个文件要取决于执行 STORE 操作前的最后一个任务的并行数（该值由为这个任务所设置的并行级别所决定）。

（3）输出

可以将关于结果的数据输出到屏幕上，这在调试阶段和原型研究阶段是特别有用的。DUMP 操作可以将用户的脚本输出到屏幕上（即“dump processed”）。

5. Pig Latin 常用操作

（1）查询固定行数据

```
tmp_table_limit = limit tmp_table 50;
dump tmp_table_limit;
```

（2）查询指定列数据

```
tmp_table_name = foreach tmp_table generate name;
dump tmp_table_name;
```

（3）为列取别名

```
tmp_table_column_alias = foreach tmp_table generate name as username, age as userage;
dump tmp_table_column_alias;
```

（4）按某列进行排序

```
tmp_table_order = order tmp_table by age asc;
dump tmp_table_order;
```

（5）按条件进行查询

```
tmp_table_where = filter tmp_table by age > 18;
dump tmp_table_where;
```

（6）内连接

```
tmp_table_inner_join = join tmp_table by age, tmp_table2 by age;
dump tmp_table_inner_join;
```

（7）左连接

```
tmp_table_left_join = join tmp_table by age left outer, tmp_table2 by age;
dump tmp_table_left_join;
```

（8）右连接

```
tmp_table_right_join = join tmp_table by age right outer,tmp_table2 by age;
dump tmp_table_right_join;
```

（9）全连接

```
tmp_table_full_join = join tmp_table by age full outer,tmp_table2 by age;
dump tmp_table_full_join;
```

（10）交叉查询多张表

```
tmp_table_cross = cross tmp_table,tmp_table2;
dump tmp_table_cross;
```

（11）分组

```
tmp_table_group = group tmp_table by is_child;
dump tmp_table_group;
```

（12）分组并统计

```
tmp_table_group_count = group tmp_table by is_child;
tmp_table_group_count = foreach tmp_table_group_count generate group,count($1);
dump tmp_table_group_count;
```

（13）查询并去重

```
tmp_table_distinct = foreach tmp_table generate is_child;
tmp_table_distinct = distinct tmp_table_distinct;
dump tmp_table_distinct;
```

任务实施

1. Pig 的安装和配置

（1）安装所需的软件

右键单击 Ubuntu 操作系统的桌面，在弹出的快捷菜单中选择“Open in Terminal”选项，打开终端，在终端中切换目录到 Pig 软件包所在文件夹，并通过执行命令“ls”，查看文件夹中的所有软件，如图 5-24 所示。

```
hadoop@ubuntu:~/Downloads$ ls
apache-hive-1.2.1-bin.tar.gz                  mysql-connector-java-5.0.8.tar.gz
apache-hive-1.2.2-bin.tar.gz                  oozie-4.2.0.tar.gz
google-chrome-stable_current_amd64.deb        pig-0.17.0.tar.gz
hadoop-2.7.6.tar.gz                           pycharm-professional-2018.1.4.tar.gz
hbase-1.1.5-bin.tar.gz                        sqoop-1.4.7.bin__hadoop-2.6.0.tar.gz
jdk-8u172-linux-x64.tar.gz                    zookeeper-3.4.12.tar.gz
```

图 5-24　查看文件夹中的所有软件

通过执行命令“sudo tar -zxvf pig-0.17.0.tar.gz -C /usr/local”，解压 Pig 安装包到指定目录中，如图 5-25 所示。

```
hadoop@ubuntu:~/Downloads$ sudo tar -zxvf pig-0.17.0.tar.gz -C /usr/local
```

图 5-25　解压 Pig 安装包到指定目录中

对 Pig 文件进行重命名（以方便后续操作），如图 5-26 所示。

```
hadoop@ubuntu:/usr/local$ sudo mv pig-0.17.0/ pig
```

图 5-26　对 Pig 文件进行重命名

通过执行命令“sudo chown -R hadoop:hadoop pig”，为 pig 文件夹修改权限，如图 5-27 所示。

```
hadoop@ubuntu:/usr/local$ sudo chown -R hadoop:hadoop pig
```

图 5-27　为 pig 文件夹修改权限

（2）编辑环境变量

编辑环境变量，将 Pig 的安装路径添加到环境变量文件中，如图 5-28 所示。

```
export PIG_HOME=/usr/local/pig
PATH=$PATH:$JAVA_HOME/bin:$HADOOP_HOME/bin:$HADOOP_HOME/sbin:$HIVE_HOME/bin:$HBA
SE_HOME/bin:$SQOOP_HOME/bin:$PIG_HOME/bin:
```

图 5-28　编辑环境变量

配置完成后，执行命令“source ~/.bashrc”，使环境变量生效，如图 5-29 所示。

```
hadoop@ubuntu:/usr/local$ source ~/.bashrc
```

图 5-29　使环境变量生效

（3）启动测试

通过执行命令“pig -x local”进入本地模式，如图 5-30 所示，以便访问本地文件系统进行测试或处理小规模数据集。

```
hadoop@ubuntu:/usr/local$ pig -x local
SLF4J: Class path contains multiple SLF4J bindings.
SLF4J: Found binding in [jar:file:/usr/local/hadoop/share/hadoop/common/lib/slf4
j-log4j12-1.7.10.jar!/org/slf4j/impl/StaticLoggerBinder.class]
SLF4J: Found binding in [jar:file:/usr/local/hbase/lib/slf4j-log4j12-1.7.5.jar!/
org/slf4j/impl/StaticLoggerBinder.class]
SLF4J: See http://www.slf4j.org/codes.html#multiple_bindings for an explanation.
SLF4J: Actual binding is of type [org.slf4j.impl.Log4jLoggerFactory]
18/07/26 01:53:57 INFO pig.ExecTypeProvider: Trying ExecType : LOCAL
18/07/26 01:53:57 INFO pig.ExecTypeProvider: Picked LOCAL as the ExecType
18/07/26 01:53:58 WARN pig.Main: Cannot write to log file: /usr/local/pig_153259
5238013.log
2018-07-26 01:53:58,016 [main] INFO  org.apache.pig.Main - Apache Pig version 0.
17.0 (r1797386) compiled Jun 02 2017, 15:41:58
2018-07-26 01:53:58,051 [main] INFO  org.apache.pig.impl.util.Utils - Default bo
otup file /home/hadoop/.pigbootup not found
2018-07-26 01:53:58,363 [main] INFO  org.apache.hadoop.conf.Configuration.deprec
ation - mapred.job.tracker is deprecated. Instead, use mapreduce.jobtracker.addr
ess
2018-07-26 01:53:58,365 [main] INFO  org.apache.pig.backend.hadoop.executionengi
ne.HExecutionEngine - Connecting to hadoop file system at: file:///
2018-07-26 01:53:58,648 [main] INFO  org.apache.hadoop.conf.Configuration.deprec
ation - io.bytes.per.checksum is deprecated. Instead, use dfs.bytes-per-checksum
2018-07-26 01:53:58,709 [main] INFO  org.apache.pig.PigServer - Pig Script ID fo
r the session: PIG-default-23550cc0-8a58-4b55-82b8-0d0f7ee7ffa2
2018-07-26 01:53:58,723 [main] WARN  org.apache.pig.PigServer - ATS is disabled
since yarn.timeline-service.enabled set to false
grunt>
```

图 5-30　进入本地模式

通过执行命令“pig -x mapreduce”进入 MapReduce 模式，如图 5-31 所示，在 MapReduce 模式下，Pig 可以访问整个 Hadoop 集群，处理大规模数据集。

2. Pig 的应用

（1）计算多维度组合下的平均值

假设有数据文件 data1.txt（各数值之间是以“Tab”键分隔的）。现在要求计算在 data1.txt 第 2、3、4 列的所有组合中，最后两列的平均值分别是多少？

```
hadoop@ubuntu:~$ pig -x mapreduce

18/07/26 18:07:41 INFO pig.ExecTypeProvider: Trying ExecType : LOCAL
18/07/26 18:07:41 INFO pig.ExecTypeProvider: Trying ExecType : MAPREDUCE
18/07/26 18:07:41 INFO pig.ExecTypeProvider: Picked MAPREDUCE as the ExecType
2018-07-26 18:07:41,606 [main] INFO  org.apache.pig.Main - Apache Pig version 0.
17.0 (r1797386) compiled Jun 02 2017, 15:41:58
2018-07-26 18:07:41,606 [main] INFO  org.apache.pig.Main - Logging error message
s to: /home/hadoop/pig_1532653661602.log
2018-07-26 18:07:41,880 [main] INFO  org.apache.pig.impl.util.Utils - Default bo
otup file /home/hadoop/.pigbootup not found
SLF4J: Class path contains multiple SLF4J bindings.
SLF4J: Found binding in [jar:file:/usr/local/hadoop/share/hadoop/common/lib/slf4
j-log4j12-1.7.10.jar!/org/slf4j/impl/StaticLoggerBinder.class]
SLF4J: Found binding in [jar:file:/usr/local/hbase/lib/slf4j-log4j12-1.7.5.jar!/
org/slf4j/impl/StaticLoggerBinder.class]
SLF4J: See http://www.slf4j.org/codes.html#multiple_bindings for an explanation.
SLF4J: Actual binding is of type [org.slf4j.impl.Log4jLoggerFactory]
2018-07-26 18:07:43,916 [main] INFO  org.apache.hadoop.conf.Configuration.deprec
ation - mapred.job.tracker is deprecated. Instead, use mapreduce.jobtracker.addr
ess
2018-07-26 18:07:43,916 [main] INFO  org.apache.pig.backend.hadoop.executionengi
ne.HExecutionEngine - Connecting to hadoop file system at: hdfs://localhost:9000
2018-07-26 18:07:47,436 [main] INFO  org.apache.pig.PigServer - Pig Script ID fo
r the session: PIG-default-23053be0-f635-4564-9bb1-aff1f12e1547
2018-07-26 18:07:47,437 [main] WARN  org.apache.pig.PigServer - ATS is disabled
since yarn.timeline-service.enabled set to false
grunt> _
```

图 5-31　进入 MapReduce 模式

```
[root@localhost pig]$ cat data1.txt
a 1 2 3 4.2 9.8
a 3 0 5 3.5 2.1
b 7 9 9 - -
a 7 9 9 2.6 6.2
a 1 2 5 7.7 5.9
a 1 2 3 1.4 0.2
```

为了验证计算结果，在此先人工计算一下需求结果。首先，第 2、3、4 列有一个组合为（1，2，3），即第一行和最后一行数据。对于这个维度组合来说，最后两列的平均值分别为

$$(4.2+1.4)/2=2.8$$

$$(9.8+0.2)/2=5.0$$

需要注意的是，组合（7，9，9）有两行记录，即第 3、4 行，但是第 3 行数据的最后两列没有值，因此它不应该被用于平均值的计算，也就是说，在计算平均值时，第 3 行的数据是无效数据。所以（7，9，9）组合的最后两列的平均值为 2.6 和 6.2。

而对于第 2、3、4 列的其他维度组合来说，都分别只有一行数据，因此最后两列的平均值其实就是它们自身。

现在使用 Pig 来进行计算，并输出最终的结果。

先执行命令“pig -x local”进入本地调试模式，再依次输入如下 Pig 代码。

```
A = LOAD 'data1.txt' AS (col1:chararray, col2:int, col3:int, col4:int, col5:double, col6:double);
B = GROUP A BY (col2, col3, col4);
C = FOREACH B GENERATE group, AVG(A.col5), AVG(A.col6);
DUMP C;
```

Pig 输出结果如下。

```
((1,2,3),2.8,5.0)
((1,2,5),7.7,5.9)
((3,0,5),3.5,2.1)
((7,9,9),2.6,6.2)
```

由最终计算结果可以看出，人工计算结果和 Pig 计算结果完全一致。具体代码分析如下。

① 加载 data1.txt 文件，并指定每一列的数据类型分别为 chararray、int、int、int、double、double。同时，分别给每一列定义一个别名，分别为 col1、col2、…、col6。这个别名在后面的数据处理中会用到，如果不指定别名，则在后面的处理中只能使用索引（$0、$1…）来标示相应的列，这样可读性会变差。

将数据加载之后保存到变量 A 中，A 的数据结构如下。

```
A: {col1: chararray,col2: int,col3: int,col4: int,col5: double,col6: double}
```

可见 A 是用大括号括起来的，是一个包。

② 按照 A 的第 2、3、4 列对 A 进行分组。Pig 会找出第 2、3、4 列的所有组合，并按照升序进行排列，将它们与对应的包 A 整合起来，得到如下数据结构。

```
B: {group: (col2:int,col3:int,col4:int),A: {col1:chararray,col2:int,col3:int,col4:int,col5: double,
col6:double}}
```

可见，A 的第 2、3、4 列的组合被 Pig 赋予了一个别名（group），这很形象。同时，可以观察到，B 的每一行其实就是由一个 group 和若干个 A 组成的。实际的数据如下。

```
((1,2,3),{(a,1,2,3,4.2,9.8),(a,1,2,3,1.4,0.2)})
((1,2,5),{(a,1,2,5,7.7,5.9)})
((3,0,5),{(a,3,0,5,3.5,2.1)})
((7,9,9),{(b,7,9,9,,),(a,7,9,9,2.6,6.2)})
```

可见，组合(1,2,3)对应了两行数据，组合(7,9,9)也对应了两行数据。

③ 计算每一种组合下的最后两列的平均值。

根据得到的 B 的数据，可以把 B 想象为一行一行的数据（这些行不是对称的），FOREACH 的作用是对 B 的每一行数据进行遍历，并进行计算。GENERATE 可以理解为要生成什么样的数据，这里的 group 就是上一步操作中 B 的第一项数据（即 Pig 为 A 的第 2、3、4 列的组合赋予的别名），所以在数据集 C 的每一行中，第一项就是 B 中的 group，类似于(1,2,3)的形式。而 AVG(A.col5)的计算调用了 Pig 的一个求平均值的函数 AVG，用于对 A 的名为 col5 的列求平均值。

在此操作中遍历的是 B，在 B 的数据结构中，每一行数据中包含一个 group，其对应的是若干个 A，因此这里的 A.col5 指的是 B 的每一行中的 A，而不是包含全部数据的 A。例如，((1,2,3),{(a,1,2,3,4.2,9.8),(a,1,2,3,1.4,0.2)})，遍历到 B 的这一行时，要计算 AVG(A.col5)，Pig 会找到(a,1,2,3,4.2,9.8) 中的 4.2 及(a,1,2,3,1.4,0.2)中的 1.4，将其相加除以 2，就得到了平均值。

同理，可以清楚地知道 AVG(A.col6)是怎样计算出来的。但有一点需要注意，对于(7,9,9)组，它对应的数据(b,7,9,9,,)中最后两列是无值的，这是因为数据文件对应位置上不是有效数字，而是两个“-”，Pig 在加载数据的时候自动将其置为空，而计算平均值的时候，也不会把这一组数据考虑在内（相当于忽略这组数据的存在）。

C 的数据结构如下。

```
C: {group: (col2: int,col3: int,col4: int),double,double}
```

④ DUMP C 就是将 C 中的数据输出到控制台上。如果要输出到文件，则需要使用以下语句。

```
STORE C INTO 'output';
```

这样 Pig 就会在当前目录中新建一个 output 目录（该目录必须事先不存在），并把结果文件放到该目录中。

（2）统计数据行数

在 SQL 语句中，统计表中数据的行数非常简单，使用以下语句即可。

```
SELECT COUNT(*) FROM table_name WHERE condition
```

Pig 中也有一个 COUNT 函数，假设要计算数据文件 data1.txt 的行数，可否进行如下操作呢？

```
A = LOAD 'a.txt' AS (col1:chararray, col2:int, col3:int, col4:int, col5:double, col6:double);
B = COUNT(*);
DUMP B;
```

最终测试会报错。Pig 手册中有以下信息。

```
Note: You cannot use the tuple designator (*) with COUNT; that is, COUNT(*) will not work.
```

而修改语句为“B = COUNT(A.col2);”后，最终测试依然会报错。

要统计 A 中含 col2 字段的数据有多少行，正确的做法是使用以下语句。

```
A = LOAD 'a.txt' AS (col1:chararray, col2:int, col3:int, col4:int, col5:double, col6:double);
B = GROUP A ALL;
C = FOREACH B GENERATE COUNT(A.col2);
DUMP C;
```

结果为 6。在这个例子中，统计 COUNT(A.col2)和 COUNT(A)的结果是一样的，但是如果 col2 列中含有空值，如：

```
[root@localhost pig]$ cat test.txt
a 1 2 3 4.2 9.8
a   0 5 3.5 2.1
b 7 9 9 - -
a 7 9 9 2.6 6.2
a 1 2 5 7.7 5.9
a 1 2 3 1.4 0.2
```

执行以下 Pig 脚本。

```
A = LOAD 'test.txt' AS (col1:chararray, col2:int, col3:int, col4:int, col5:double, col6:double);
B = GROUP A ALL;
C = FOREACH B GENERATE COUNT(A.col2);
DUMP C;
```

结果为 5。这是因为 LOAD 数据的时候指定了 col2 的数据类型为 int，而 test.txt 的第 2 行数据是空的，因此数据加载到 A 中以后，有一个字段是空的。

```
grunt> DUMP A;
(a,1,2,3,4.2,9.8)
(a,,0,5,3.5,2.1)
(b,7,9,9,,)
(a,7,9,9,2.6,6.2)
(a,1,2,5,7.7,5.9)
(a,1,2,3,1.4,0.2)
```

在使用 COUNT 的时候，null 的字段将不会被计入在内，所以结果是 5。

（3）FLATTEN 操作符

关于 FLATTEN 操作符的作用，这里仍然采用前面的 data1.txt 数据文件来说明，如果计算多维度组合下的最后两列的平均值。

```
A = LOAD 'data1.txt' AS (col1:chararray,col2:int,col3:int,col4:int,col5:double,col6:double);
B = GROUP A BY (col2,col3,col4);
C = FOREACH B GENERATE group, AVG(A.col5), AVG(A.col6);
DUMP C;
```

结果如下。

```
((1,2,3),2.8,5.0)
((1,2,5),7.7,5.9)
((3,0,5),3.5,2.1)
((7,9,9),2.6,6.2)
```

可见，在输出结果中，每一行的第一项是一个 tuple（元组）。下面来试试看 FLATTEN 的作用。

```
A = LOAD 'a.txt' AS (col1:chararray, col2:int, col3:int, col4:int, col5:double, col6:double);
B = GROUP A BY (col2, col3, col4);
C = FOREACH B GENERATE FLATTEN(group), AVG(A.col5), AVG(A.col6);
DUMP C;
```

结果如下。

```
(1,2,3,2.8,5.0)
(1,2,5,7.7,5.9)
(3,0,5,3.5,2.1)
(7,9,9,2.6,6.2)
```

结果显示，被 FLATTEN 的 group 本来是一个元组，现在变为了扁平结构。按照 Pig 文档的说法，FLATTEN 用于对元组和包进行“解嵌套”。

> The FLATTEN operator looks like a UDF syntactically, but it is actually an operator that changes the structure of tuples and bags in a way that a UDF cannot. Flatten un-nests tuples as well as bags. The idea is the same, but the operation and result is different for each type of structure.
>
> For tuples, flatten substitutes the fields of a tuple in place of the tuple. For example, consider a relation that has a tuple of the form (a, (b, c)). The expression GENERATE $0, flatten($1), will cause that tuple to become (a, b, c).

不解嵌套的数据结构是不利于观察的，输出这样的数据可能不利于外围程序的处理（例如，Pig 将数据输出后，如果需要使用其他程序做后续处理——对于一个元组而言，其输出的内容中是含括号的——则处理流程就多了一道去括号的工序），因此，FLATTEN 提供了一个在某些情况下可以清楚、方便地分析数据的机会。

（4）把数据当作元组来加载

依然使用 data1.txt 的数据，如果按照以下方式来加载数据。

```
A = LOAD 'data1.txt' AS (col1:chararray,col2:int,col3:int,col4:int,col5:double,col6:double);
```

则得到的 A 的数据结构如下。

```
DESCRIBE A;
A:{col1:chararray,col2:int,col3:int,col4:int,col5:double,col6:double}
```

如果想要得到以下数据结构。

```
DESCRIBE A;
A: {T: (col1: chararray,col2:int,col3:int,col4:int,col5:double,col6:double)}
```

则尝试把 A 当作一个元组来加载，语句如下。

```
A =LOAD 'data1.txt' AS (T:tuple (col1:chararray,col2:int,col3:int,col4:int,col5:double,
col6:double));
```

但是，上面的方法将得到一个空的 A。

```
grunt> DUMP A;
()
()
()
()
()
()
```

这是因为数据文件 data1.txt 的结构不适用于加载为元组。如果有数据文件 data2.txt 如下。

```
[root@localhost pig]$ cat data2.txt:
(a,1,2,3,4.2,9.8)
(a,3,0,5,3.5,2.1)
(b,7,9,9,-,-)
(a,7,9,9,2.6,6.2)
(a,1,2,5,7.7,5.9)
```

```
(a,1,2,3,1.4,0.2)
```

再使用上述方法进行加载。

```
A = LOAD 'data2.txt' AS (T:tuple (col1:chararray,col2:int,col3:int,col4:int,col5:double,
col6:double));
DUMP A;
```

结果如下。

```
((a,1,2,3,4.2,9.8))
((a,3,0,5,3.5,2.1))
((b,7,9,9,,))
((a,7,9,9,2.6,6.2))
((a,1,2,5,7.7,5.9))
((a,1,2,3,1.4,0.2))
```

可见，加载的数据的结构确实被定义为了元组。

（5）在多维度组合下，计算某个维度组合中的不重复记录的条数

以数据文件 data3.txt 为例，计算在第 2、3、4 列的所有维度组合下，最后一列不重复的记录分别有多少条？

```
[root@localhost pig]$ cat data3.txt
a 1 2 3 4.2 9.8 100
a 3 0 5 3.5 2.1 200
b 7 9 9 - - 300
a 7 9 9 2.6 6.2 300
a 1 2 5 7.7 5.9 200
a 1 2 3 1.4 0.2 500
```

由数据文件可见，第 2、3、4 列有一个维度组合是(1,2,3)，在这个维度下，最后一列有两种值——100 和 500，因此不重复的记录数为 2。同理，可求得其他不重复记录的条数。Pig 代码及输出结果如下。

```
A = LOAD 'c.txt' AS (col1:chararray, col2:int, col3:int, col4:int, col5:double, col6:double,
col7:int);
B = GROUP A BY (col2, col3, col4);
C = FOREACH B {D = DISTINCT A.col7; GENERATE group, COUNT(D);};
DUMP C;
((1,2,3),2)
```

```
((1,2,5),1)
((3,0,5),1)
((7,9,9),1)
```

具体代码分析如下。

① LOAD 即加载数据。

② GROUP 的作用和前面表述的一样。GROUP 之后得到的数据如下。

```
grunt> DUMP B;
((1,2,3),{(a,1,2,3,4.2,9.8,100),(a,1,2,3,1.4,0.2,500)})
((1,2,5),{(a,1,2,5,7.7,5.9,200)})
((3,0,5),{(a,3,0,5,3.5,2.1,200)})
((7,9,9),{(b,7,9,9,,,300),(a,7,9,9,2.6,6.2,300)})
```

③ DISTINCT 用于将一个关系中重复的元组删除；FOREACH 用于对 B 的每一行进行遍历，其中 B 的每一行中含有一个包，每一个包中含有若干元组 A，因此，FOREACH 后面的大括号中的操作其实是对所谓的“内部包”的操作。这里指定了对 A 的 col7 列进行去重，去重的结果被命名为 D，并对 D 进行计数（COUNT），最终得到了想要的结果。

④ DUMP 表示使结果数据输出显示。

（6）Pig 中使用 Shell 进行辅助数据处理

Pig 中可以嵌套使用 Shell 进行辅助处理，假设在某一步 Pig 处理后，得到了类似于以下 data4.txt 中的数据。

```
[root@localhost pig]$ cat data4.txt
1 5 98  = 7
34  8 6 3 2
62  0 6 = 65
```

现在的问题是，如何将数据中第 4 列中的“=”全部替换为 9999。具体实现代码及结果如下。

```
A = LOAD 'b.txt' AS (col1:int,col2:int,col3:int,col4:chararray,col5:int);
B = STREAM A THROUGH 'awk'{if($4 == "=") print $1"\t"$2"\t"$3"\t9999\t"$5; else print $0}'`;
DUMP B;
    (1,5,98,9999,7)
    (34,8,6,3,2)
```

```
(62,0,6,9999,65)
```

具体代码分析如下。

① LOAD 表示加载数据。

② 通过“STREAM...THROUGH...”的方式，可以调用一个 Shell 语句，使用该 Shell 语句对 A 的每一行数据进行处理。本例的 Shell 逻辑如下：当某一行数据的第 4 列为“=”时，将其替换为“9999”；否则按照原样输出。

③ DUMP 表示输出 B。

（7）向 Pig 脚本中传入参数

假设 Pig 脚本输出的文件是通过外部参数指定的，则此参数不能写死，需要传入。在 Pig 中，传入参数的语句如下。

```
STORE A INTO '$output_dir';
```

其中，output_dir 就是传入的参数。在调用 Pig 的 Shell 脚本时，可以使用以下语句传入参数。

```
pig -param output_dir="/home/my_output_dir/" my_pig_script.pig
```

这里传入的参数 output_dir 的值为“/home/my_output_dir/”。

任务 5.3 Flume 的安装与应用

任务描述

学习 Flume 相关知识，熟悉 Flume 的作用，完成 Flume 的安装与配置等。

任务目标

（1）学会 Flume 的安装与配置。

（2）学会使用 Flume 完成日志数据上传 HDFS 的操作。

知识准备

Flume 作为 Cloudera 开发的实时日志收集系统，受到了业界的认可与广泛应用。Flume 初始的发行版本目前被统称为 Flume OG（Original Generation），属于 Cloudera。

但随着 Flume 功能的扩展，Flume OG 工程代码臃肿、核心组件设计不合理、核心配置不标准等缺点暴露出来，尤其是在 Flume OG 的最后一个发行版本 0.9.4 中，日志传输不稳定的现象尤为严重。为了解决这些问题，2011 年 10 月 22 日，Cloudera 完成了 Flume-728 的开发，对 Flume 进行了里程碑式的改动，重构了其核心组件、核心配置及代码架构，重构后的版本统称为 Flume NG（Next Generation）。同时，Flume 被纳入 Apache 旗下，Cloudera Flume 更名为 Apache Flume。

Flume 是一个分布式的、可靠的和高可用的海量日志采集/聚合/传输系统。其支持在日志系统中定制各类数据发送方，用于收集数据。同时，Flume 提供对数据进行简单处理，并写到各种数据接收方（如文本、HDFS、HBase 等）的功能。

Flume 的数据流由事件（Event）贯穿始终。事件是 Flume 的基本数据单位，它携带有日志数据（字节数组形式）及头信息，这些 Event 由 Agent 外部的 Source 生成，当 Source 捕获事件后，会进行特定的格式化，且 Source 会把事件推入到（单个或多个）Channel 中。可以把 Channel 看作一个缓冲区，它将保存事件直到 Sink 处理完该事件。Sink 负责持久化日志或把事件推向另一个 Source。

Flume 主要由以下 3 个重要的组件构成。

（1）Source：完成对日志数据的收集，分为 Transtion 和 Event，并推入 Channel 之中。Flume 提供了各种 Source 的实现，包括 Avro Source、Exce Source、SpoolingDirectory Source、NetCat Source、Syslog Source、Syslog TCP Source、Syslog UDP Source、HTTP Source、HDFS Source 等。

（2）Channel：主要提供队列的功能，对 Source 提供的数据进行简单的缓存。包括 Memory Channel、JDBC Chanel、File Channel 等。

（3）Sink：用于取出 Channel 中的数据，并将其存储到文件系统、数据库或提交到远程服务器中。包括 HDFS Sink、Logger Sink、Avro Sink、File Roll Sink、Null Sink、HBase Sink 等。

任务实施

1. Flume 的安装与配置

（1）安装所需的软件

右键单击 Ubuntu 操作系统的桌面，在弹出的快捷菜单中选择“Open in Terminal”选项，打开终端，并切换目录到 Flume 软件包所在文件夹，通过执行命令“ls”查看文件夹中的所有软件，如图 5-32 所示。

```
hadoop@ubuntu:~/Downloads$ ls
apache-flume-1.7.0-bin.tar.gz
apache-hive-1.2.1-bin.tar.gz
apache-hive-1.2.2-bin.tar.gz
google-chrome-stable_current_amd64.deb
hadoop-2.7.6.tar.gz
hbase-1.1.5-bin.tar.gz
impala_1.4.0-1.impala1.4.0.p0.7_precise-impala1.4.0_all (1).deb
impala-catalog_1.4.0-1.impala1.4.0.p0.7_precise-impala1.4.0_all.deb
jdk-8u172-linux-x64.tar.gz
mysql-connector-java-5.0.8
mysql-connector-java-5.0.8.tar.gz
oozie-4.2.0.tar.gz
pig-0.17.0.tar.gz
pycharm-professional-2018.1.4.tar.gz
sqoop-1.4.7.bin__hadoop-2.6.0.tar.gz
zookeeper-3.4.12.tar.gz
```

图 5-32　查看文件夹中的所有软件

执行命令“sudo tar -zxvf apache-flume-1.7.0-bin. tar.gz -C /usr/local”，解压 Flume 安装包到指定目录中，如图 5-33 所示。

```
hadoop@ubuntu:~/Downloads$ sudo tar -zxvf apache-flume-1.7.0-bin.tar.gz -C /usr/
local
```

图 5-33　解压 Flume 安装包到指定目录中

对 Flume 文件进行重命名（以方便后续操作），如图 5-34 所示。

```
hadoop@ubuntu:/usr/local$ sudo mv apache-flume-1.7.0-bin/ flume
```

图 5-34　对 Flume 文件进行重命名

通过执行命令“sudo chown -R hadoop:hadoop flume/”修改 flume 文件夹的权限，如图 5-35 所示。

```
hadoop@ubuntu:/usr/local$ sudo chown -R hadoop:hadoop flume/
```

图 5-35　修改 flume 文件夹的权限

（2）编辑环境变量

编辑环境变量，将 Flume 的路径加入环境变量文件中，如图 5-36 所示。

```
export FLUME_HOME=/usr/local/flume
PATH=$PATH:$JAVA_HOME/bin:$HADOOP_HOME/bin:$HADOOP_HOME/sbin:$HIVE_HOME/bin:$HBA
SE_HOME/bin:$SQOOP_HOME/bin:$PIG_HOME/bin:$FLUME_HOME/bin:
```

图 5-36　编辑环境变量

编辑完成后，执行命令“source ~/.bashrc”，使环境变量生效，如图 5-37 所示。

```
hadoop@ubuntu:/usr/local$ source ~/.bashrc
```

图 5-37　使环境变量生效

重命名配置文件 flume-env.sh.template 为 flume-env.sh，并查找“#export

JAVA_HOME=”行，将 JDK 的安装路径添加到“=”后面，即编辑 Flume-env.sh 配置文件，如图 5-38 所示。

```
hadoop@ubuntu: /usr/local/flume/conf
# See the License for the specific language governing permissions and
# limitations under the License.

# If this file is placed at FLUME_CONF_DIR/flume-env.sh, it will be sourced
# during Flume startup.

# Enviroment variables can be set here.

 export JAVA_HOME=/usr/local/java

# Give Flume more memory and pre-allocate, enable remote monitoring via JMX
# export JAVA_OPTS="-Xms100m -Xmx2000m -Dcom.sun.management.jmxremote"

# Let Flume write raw event data and configuration information to its log files
for debugging
# purposes. Enabling these flags is not recommended in production,
# as it may result in logging sensitive user information or encryption secrets.
# export JAVA_OPTS="$JAVA_OPTS -Dorg.apache.flume.log.rawdata=true -Dorg.apache.
flume.log.printconfig=true "

# Note that the Flume conf directory is always included in the classpath.
#FLUME_CLASSPATH=""

                                                          34,0-1        Bot
```

图 5-38　编辑 flume-env.sh 配置文件

配置完成后，进入 Flume 的 bin 目录，执行命令“./flume-ng version”，查看 Flume 是否安装成功，如图 5-39 所示。

```
hadoop@ubuntu:/usr/local/flume/bin$ ./flume-ng version
Error: Could not find or load main class org.apache.flume.tools.GetJavaProperty
Flume 1.7.0
Source code repository: https://git-wip-us.apache.org/repos/asf/flume.git
Revision: 511d868555dd4d16e6ce4fedc72c2d1454546707
Compiled by bessbd on Wed Oct 12 20:51:10 CEST 2016
From source with checksum 0d21b3ffdc55a07e1d08875872c00523
```

图 5-39　查看 Flume 是否安装成功

在上述结果中发现“org.apache.flume.tools.GetJavaProperty”错误，原因是此前已经安装了 HBase，可以通过修改 hbase-env.sh 文件来解决这个错误。首先，使用编辑器打开 hbase-env.sh 文件，如图 5-40 所示。

```
hadoop@ubuntu:/usr/local/hbase/conf$ vim hbase-env.sh
```

图 5-40　打开 hbase-env.sh 文件

其次，修改 hbase-env.sh 文件。将 hbase-env.sh 文件中的“HBASE_CLASSPATH=/usr/local/hbase/conf”一行注释掉，如图 5-41 所示。

最后，保存文件并退出编辑器，再次查看 Flume 是否安装成功，如图 5-42 所示，未发现报错。

```
hadoop@ubuntu: /usr/local/hbase/conf
# so try to keep things idempotent unless you want to take an even deeper look
# into the startup scripts (bin/hbase, etc.)

# The java implementation to use.  Java 1.7+ required.
 export JAVA_HOME=/usr/local/java

# Extra Java CLASSPATH elements.  Optional.
# export HBASE_CLASSPATH=/usr/local/hadoop/conf

# The maximum amount of heap to use. Default is left to JVM default.
# export HBASE_HEAPSIZE=1G

# Uncomment below if you intend to use off heap cache. For example, to allocate
8G of
# offheap, set the value to "8G".
# export HBASE_OFFHEAPSIZE=1G

# Extra Java runtime options.
# Below are what we set by default.  May only work with SUN JVM.
# For more on why as well as other possible settings,
# see http://wiki.apache.org/hadoop/PerformanceTuning
export HBASE_OPTS="-XX:+UseConcMarkSweepGC"
                                                    44,0-1        19%
```

图 5-41　修改 hbase-env.sh 文件

```
hadoop@ubuntu:/usr/local/flume$ ./bin/flume-ng version
Flume 1.7.0
Source code repository: https://git-wip-us.apache.org/repos/asf/flume.git
Revision: 511d868555dd4d16e6ce4fedc72c2d1454546707
Compiled by bessbd on Wed Oct 12 20:51:10 CEST 2016
From source with checksum 0d21b3ffdc55a07e1d08875872c00523
```

图 5-42　再次查看 Flume 是否安装成功

2. 使用 Flume 完成日志数据上传 HDFS 操作

通过执行命令“start-all.sh”启动 Hadoop 服务，在任意指定目录中创建一个文件。例如，在 simple 目录中执行命令“touch a2.conf”，创建 a2.conf 文件，并进行编辑，其配置信息如图 5-43 所示。

```
a2.sources = r1
a2.channels = c1
a2.sinks = k1

a2.sources.r1.type = exec
a2.sources.r1.command = tail -F /simple/date.txt

a2.channels.c1.type = memory
a2.channels.c1.capacity = 1000
a2.channels.c1.transactionCapacity = 100

a2.sinks.k1.type = hdfs
a2.sinks.k1.hdfs.path =  hdfs://localhost:9000/flume/date_hdfs.txt
a2.sinks.k1.hdfs.filePrefix = events-
a2.sinks.k1.hdfs.fileType = DataStream

a2.sources.r1.channels = c1
a2.sinks.k1.channel = c1
```

图 5-43　a2.conf 文件中的配置信息

进入 Flume 安装目录中的 bin 目录，执行相关命令，启动 Flume，如图 5-44 所示。

```
hadoop@ubuntu:/usr/local/flume/apache-flume-1.8.0-bin/bin$ ./flume-ng agent -n a
2 -f /simple/a2.conf -c ../conf/ -Dflume.root.logger=INFO,console
```

图 5-44 启动 Flume

使用测试数据模拟日志的生成，如图 5-45 所示。

```
hadoop@ubuntu:/simple$ cat 2015_04_26.txt >> date.txt
```

图 5-45 模拟日志的生成

通过执行 HDFS 的命令，查看 HDFS 中生成的文件内容，如图 5-46 所示。

```
hadoop@ubuntu:~$ hadoop fs -cat /flume/date_hdfs.txt/*
111.145.51.149   20130530184851  forum.php?mod=image&aid=18322&size=300x300&key=6
c372c86470a6cea&nocache=yes&type=fixnone
220.181.108.89   20130531020223  forum.php
203.208.60.61    20130531020223  home.php?mod=space&uid=42714&do=profile
1.202.219.124    20130531020223  home.php?mod=space&uid=12026&do=share&view=me&fr
om=space&type=thread
124.239.208.72   20130530184851  api/connect/like.php
212.227.59.49    20130531020219  data/cache/style_1_forum_viewthread.css?F97
110.90.190.163   20130531020224  forum.php
123.119.31.31    20130531020225  api.php?mod=js&bid=65
101.131.180.242 20130530184852  template/newdefault/style/t5/nv.png
110.178.201.232 20130531020224  home.php?mod=space&uid=17496&do=profile&mobile=y
es
124.228.0.205    20130531020223  thread-51964-1-1.html
101.131.180.242 20130530184853  template/newdefault/style/t5/nv_a.png
66.249.74.211    20130531020225  archiver/tid-15663.html
101.131.180.242 20130530184852  template/newdefault/style/t5/bgimg.jpg
110.178.201.232 20130531020226  data/attachment/common/c2/common_12_usergroup_ic
on.jpg
220.181.89.156   20130531020224  thread-31513-1-1.html
110.90.190.163   20130531020226  forum-114-1.html
```

图 5-46 查看 HDFS 中生成的文件内容

项目 6 集群搭建与管理

06

学习目标

【知识目标】

① 识记 Hadoop 常用工具组件（Sqoop、Pig、Flume）的作用。

② 了解 Hadoop 各组件的功能与联系。

【技能目标】

① 学会 Hadoop 常用工具组件（Sqoop、Pig、Flume）的安装。

② 学会 Hadoop 常用工具组件(Sqoop、Pig、Flume）的使用。

项目描述

Apache Ambari 项目旨在通过开发用于配置、管理和监控 Apache Hadoop 集群的软件来简化 Hadoop 管理。Ambari 提供了一个由 RESTful API 支持的直观的、易用的 Hadoop 管理 Web UI。

本项目主要是实现 Ambari 平台的构建，实现 Hadoop 分布式集群配置与管理。

任务 6.1 搭建 Ambari Hadoop 系统

任务描述

（1）学习 Ambari 的相关技术知识，了解其功能。

（2）完成 Ambari 的安装与配置。

（3）利用 Ambari 扩展集群。

任务目标

（1）了解 Hadoop 背景知识，熟悉 Hadoop 的生态系统。

（2）学会 Ambari Server 和 Ambari Agent 的配置方法。

（3）学会利用 Ambari 扩展集群。

知识准备

虽然大数据越来越流行，但是其学习的门槛一直阻碍着很多分布式应用初学者和大数据的业务应用开发者。多个产品之间的不兼容问题使得快速集成和维护比较困难。不管是 Hadoop V1/V2 的安装，还是 Spark、YARN 等的集成，都不是几行简单的命令就可以完成的，而是需要手工修改很多集群配置，这进一步增加了应用开发者的学习和使用难度。有了 Ambari，这些问题即可迎刃而解。

Ambari 管理平台通过安装向导来进行集群的搭建，简化了集群供应。同时，它有一个监控组件——Ambari-Metrics，可以提前配置好关键的运维指标，并收集集群中的服务、主机等运行状态信息，通过用户图形界面（GUI）显示。用户可以直接查看 Hadoop Core（HDFS 和 MapReduce）及相关项目（如 HBase、Hive 和 HCatalog）是否健康。其界面非常直观，用户可以轻松有效地查看信息并控制集群。

Ambari 支持作业与任务执行的可视化与分析，能够更好地查看依赖和性能。其通过一个完整的 RESTful API 将监控信息显示出来，集成了现有的运维工具。其使用 Ganglia 收集度量指标，利用 Nagios 支持系统报警。

Ambari 是一款分布式架构的软件，主要由 Ambari Server 和 Ambari Agent 两部分组成，如图 6-1 所示。Ambari Server 会读取集群中相应服务的配置文件。当用户使用 Ambari 创建集群时，Ambari Server 传送相应的配置文件以及服务生命周期的控制脚本到 Ambari Agent 中。Ambari Agent 得到配置文件后，会下载并安装相应的服务，Ambari Server 会通知 Ambari Agent 启动和管理服务。此后，Ambari Server 会定期发送命令到 Ambari Agent 中，以检查服务的状态，将状态信息上报给 Ambari Server，并呈现在 Ambari 的 GUI 上，以方便用户了解集群的各种状态，并进行相应的维护。

1. Ambari 系统的作用

Ambari 使得系统管理员能够进行以下操作。

（1）提供 Hadoop 集群

① Ambari 提供了跨任意数量的主机安装 Hadoop 服务的分步向导。

② Ambari 可处理集群的 Hadoop 服务配置。

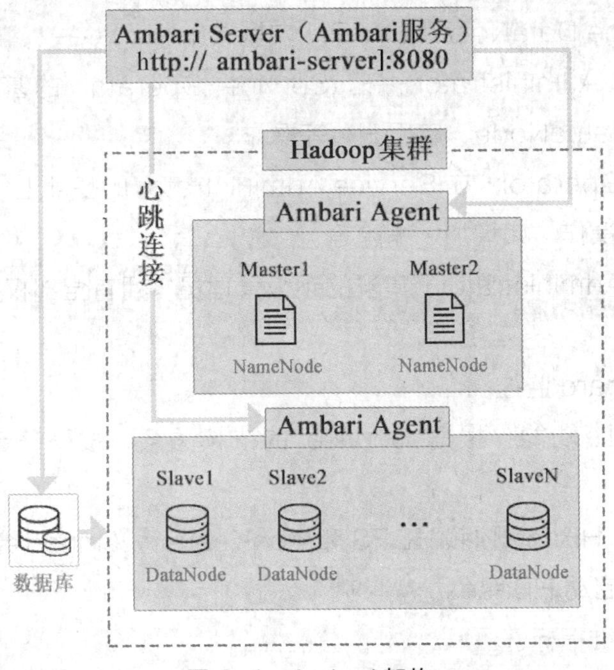

图 6-1　Ambari 架构

（2）管理 Hadoop 集群

Ambari 提供集中管理，用于在整个集群中启动、停止和重新配置 Hadoop 服务。

（3）监控 Hadoop 集群

① Ambari 提供了一个仪表板（Dashboard），用于监控 Hadoop 集群的运行状况和状态。

② Ambari 可利用 Ambari 指标系统进行指标收集。

③ Ambari 可利用 Ambari Alert Framework 进行告警，并在需要管理员注意时通知管理员（如节点出现故障、剩余磁盘空间不足等）。

Ambari 使得应用程序开发人员和系统集成商能够使用 Ambari REST API 轻松将 Hadoop 的配置、管理和监控功能集成到自己的应用程序中。

2. 功能列表

（1）操作级别

① Host Level Action（机器级别的操作）。

② Component Level Action（模块级别的操作）。

（2）用户管理中的角色

① Cluster User：查看集群和 Service 的信息，如配置信息、Service 状态、健康状态等。

② Service Operator：能够操作 Service 的生命周期，如启动、停止等，也可

以进行 Rebalance DataNode 和 YARN 恢复操作。

③ Service Administrator：在 Service Operator 的基础上增加了配置 Service、移动 NameNode、启用 HA 等操作。

④ Cluster Operator：在 Service Administrator 的基础上增加了对 Hosts 和 Components 的操作，如增加、删除等。

⑤ Cluster Administrator：集群的超级管理员，拥有全部权限，可以操作任意组件。

（3）Dashboard 监控

① Roll Start 功能：根据 Service 的依赖关系，按照一定的顺序启动每个 Service。

② Service：HBase 依赖 HDFS 和 ZooKeeper，Ambari 会先启动 HDFS 和 ZooKeeper，再启动 HBase。

③ 关键的运维指标。

④ 监控界面左侧是 Service 列表，中间是 Service 的模块。

⑤ 信息：即该 Service 的模块及其数目。右上角有关于 Service Action 的按钮，包括 Service 的启动、停止、删除等操作。

⑥ Quick Links：导向组件原生管理界面。

（4）Alert

① Alert 告警级别：OK、Warning、Critical、Unknown、None。

② Alert 告警类型：Port、Metric、Aggregate、Web 和 Script。

Ambari 中的 Alert 类型对比如表 6-1 所示。

表 6-1 Ambari 中的 Alert 类型对比

类型	用途	告警级别	阈值是否可配置	单位
Port	用来监测机器上的一个端口是否可用	OK，Warning，Critical	是	秒
Metric	用来监测 Metric 相关的配置属性	OK,，Warning，Critical	是	变量
Aggregate	用于收集某些 Alert 的状态	OK，Warning，Critical	是	百分比
Web	用于监测一个 Web UI 地址（URL）是否可用	OK，Warning，Critical	否	无
Script	Alert 的监测逻辑由一个自定义的 Python 脚本执行	OK，Critical	否	无

3. Hadoop 代表组件的功能

（1）HDFS 的功能

① 启动、停止、重启 HDFS，也支持 HDFS 的删除，前提是删除依赖 HDFS 的其他 Service。

② 高级配置，支持对 core-site.xml、hdfs-site.xml 的高级配置。

③ 下载配置文件。

④ 查看状态，NameNode 和 SNameNode 的健康状况以及所在的节点、硬盘使用率、块的状态（丢失、冲突的个数）。

⑤ 查看文件，查看嵌入了 HDFS 原生的文件目录，没有一键上传、下载文件的功能。

⑥ 查看日志，可以通过 QuickLinks 中的导向 HDFS 原生日志查看 Web UI，没有经过界面的优化，查看日志功能没有辅助功能（如检索）。

⑦ 移动 NameNode、SNameNode。

⑧ Rebalancing HDFS，使得 DataNodes 上的块分布均匀。

⑨ NameNode UI，通过 QuickLinks 导向 HDFS 原生 UI。

⑩ HA，一键配置 NameNode 的高可用性，使用 JournalNode、NFS 共享存储。

（2）ZooKeeper 的功能

① 启动、停止、重启 ZooKeeper 集群。

② 状态查看，查看 ZooKeeper Server 和 Client 的健康状况及其所在的节点。

③ 高级配置，如 zoo.cfg 配置、日志输出格式（log4j）配置。

④ 添加 ZooKeeper 节点。

⑤ 下载配置文件。

（3）HBase 的功能

① 启动 HBase 集群，启动 RegionServer，停用 HBase 集群，删除 HBase 集群。

② 添加 HBase Master 节点。

③ 状态查看，可查看 HBase Master、Region Servers 的状态及其所在的节点，还可查看 Master 启动时间、平均负载。

④ 高级配置，可配置 HBase Master、Region Server、Client 的内存限制、心跳时间等。可以启用 Kerberos（需提前安装该 Service），也可以开启 Phoenix SQL。

⑤ 日志查看，可以通过 QuickLinks 中的导向原生日志查看 Web UI。

⑥ Master UI，可通过 QuickLinks 导向 HDFS 原生 UI。

任务实施

1. Ambari 的安装与配置

（1）基本环境配置

本任务以两台节点为例来组建 Hadoop 分布式集群，这里采用的系统版本为 Ubuntu 16.04，具体要求如表 6-2 所示。

表 6-2 具体要求

主机名	内存	硬盘	IP 地址	角色
Master	8 GB	100 GB	192.168.108.140	Ambari-Server 、 Ambari-Agent 、 MySQL
Slave1	4 GB	100 GB	192.168.108.141	Ambari-Agent

根据表中的资源配置组建大数据基础平台。

① 配置主机名。

a. 配置 Master 的主机名。

```
# hostnamectl set-hostname master
# hostname
master
```

b. 配置 Slave1 的主机名。

```
# hostnamectl set-hostname slave1
# hostname
slave1
```

② 修改 hosts 映射文件。

a. 修改 Master 的 hosts 映射文件。

```
#sudo vi /etc/hosts
192.168.108.140 master.hadoop master
192.168.108.141 slave1.hadoop
```

b. 修改 Slave1 的 hosts 映射文件。

```
# vi /etc/hosts
```

```
192.168.108.140 master.hadoop master
192.168.108.141 slave1.hadoop
```

③ 配置 NTP。

a. 配置 Master 的 NTP。

```
# sudo apt-get install ntp
# vi /etc/ntp.conf
//注释或者删除以下 4 行代码
pool 0.ubuntu.pool.ntp.org iburst
pool 1.ubuntu.pool.ntp.org iburst
pool 2.ubuntu.pool.ntp.org iburst
pool 3.ubuntu.pool.ntp.org iburst
//添加以下两行代码
server 127.127.1.0
fudge 127.127.1.0 stratum 10
#systemctl enable ntpd
#systemctl start ntpd
```

b. 修改 Slave1 的 NTP。

```
# sudo apt-get install ntpdate
# ntpdate master.hadoop
# systemctl enable ntpdate
```

④ 配置 SSH。

检查两个节点是否可以通过无密钥相互访问，如果未配置，则进行 SSH 无密码公钥认证配置。

```
# sudo apt-get install openssh-server
# ssh-keygen -t rsa
# ssh-copy-id master.hadoop
# ssh-copy-id slave1.hadoop
```

通过 SSH 登录远程主机，查看能否成功登录。

```
# sshmaster.hadoop
# exit
# ssh slave1.hadoop
# exit
```

⑤ 禁用 Transparent Huge Pages。

操作系统后台有一个名为 khugepaged 的进程，它会一直扫描所有进程占用的内存，在可能的情况下，其会把 4k Page 交换为 Huge Pages，在这个过程中，对操作的内存的各种分配活动都需要各种内存锁，直接影响了程序内存的访问性能，且此过程对于应用是透明的，在应用层面不可控制，对于专门为 4k Page 优化的程序来说，可能会造成随机性能下降现象。

```
# cat /sys/kernel/mm/transparent_hugepage/enabled
[always] madvise never
# su root
# echo never >/sys/kernel/mm/transparent_hugepage/enabled
# echo never > /sys/kernel/mm/transparent_hugepage/defrag
# cat /sys/kernel/mm/transparent_hugepage/enabled
always madvise [never]
```

重启后代码会失效，需要再次执行。

⑥ 安装配置 JDK。

a．安装配置 Master 的 JDK。

```
# sudo tar -zxvfjdk-8u181-linux-x64.tar.gz -C /usr/local
# cd   /usr/local
# sudo mv jdk1.8.0_181/ java
# sudo chown -R hadoop:hadoop java
# vi /etc/profile
export JAVA_HOME=/usr/usr/local
export PATH=$JAVA_HOME/bin:$PATH
# source /etc/profile
# Java  - version
java version "1.8.0_181"
Java(TM) SE Runtime Environment (build 1.8.0_181-b13)
Java HotSpot(TM) 64-Bit Server VM (build 25.181-b13, mixed mode)
```

b．安装配置 Slave1 的 JDK。

```
# sudo tar -zxvf jdk-8u181-linux-x64.tar.gz -C /usr/local
# cd /usr/local
# sudo mv jdk1.8.0_181/ java
```

```
# sudo chown -R hadoop:hadoop java
# vi /etc/profile
export JAVA_HOME=/usr/usr/local
export PATH=$JAVA_HOME/bin:$PATH
# source /etc/profile
# Java  - version
java version "1.8.0_181"
Java(TM) SE Runtime Environment (build 1.8.0_181-b13)
Java HotSpot(TM) 64-Bit Server VM (build 25.181-b13, mixed mode)
```

（2）配置 Ambari Server

先在 Master 中配置以下内容。

```
# su root
# cd /etc/apt/sources.list.d;
# wgethttp://public-repo-1.hortonworks.com/ambari/ubuntu14/2.x/updates/2.2.2.0/ambari.list;
# apt-key adv --recv-keys --keyserver keyserver.ubuntu.com B9733A7A07513CAD;
# apt-get update;
# sudo apt-get install ambari-server
```

① 安装配置 Ambari Server。

```
# ambari-server setup
WARNING: SELinux is set to 'permissive' mode and temporarily disabled. OK to continue
[y/n] (y)?
Customize user account for ambari-server daemon [y/n] (n)? n
Checking JDK...
[1] Oracle JDK 1.8 + Java Cryptography Extension (JCE) Policy Files 8 [2] Oracle JDK
1.7 + Java Cryptography Extension (JCE) Policy Files 7 [3] Custom JDK
==============================================================================
Enter choice (1): 3
Path to JAVA_HOME: /usr/local/java
Validating JDK on Ambari Server...done. Completing setup...
Configuring database...
Enter advanced database configuration [y/n] (n)? n
Configuring database...
```

```
Default properties detected. Using built-in database.
Configuring ambari database...
Checking PostgreSQL...
About to start PostgreSQL
Configuring local database...
Connecting to local database...done.
Configuring PostgreSQL...
Extracting system views...
...ambari-admin-2.2.2.0.460.jar
...
Adjusting ambari-server permissions and ownership...
Ambari Server 'setup' completed successfully.
```

② 启动 Ambari Server 服务。

```
# ambari-server start
```

打开浏览器，登录页面 http://[ambari-server]:8080/，在“用户名”文本框中输入“admin”，在“密码”文本框中输入“admin”，如图 6-2 所示。

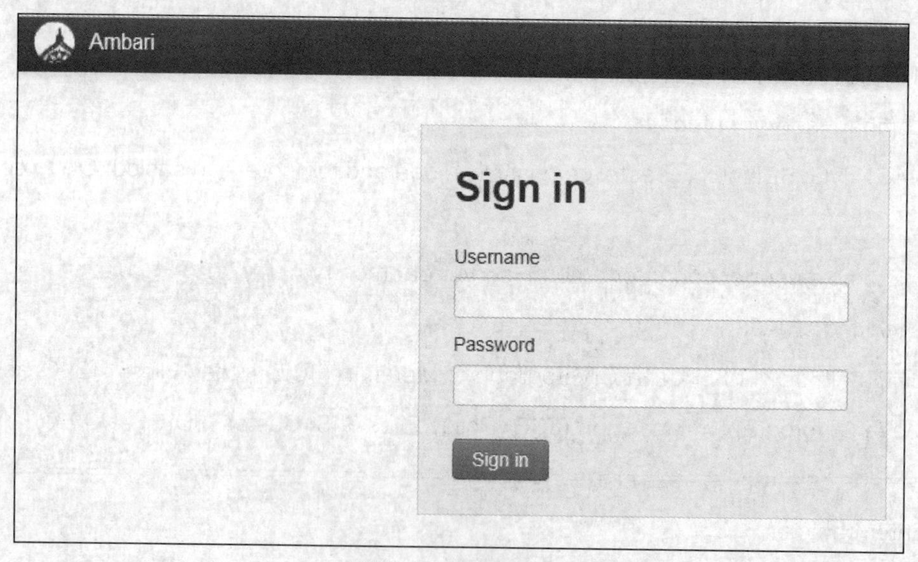

图 6-2　登录页面

（3）配置 Ambari Agent

① 安装 Ambari Agent，修改 ambari-agent.ini 文件，指定 Ambari Server 的地址或者主机名。

```
# sudo apt-get install ambari-agent
# vim /etc/ambari-agent/conf/ambari-agent.ini
[server]
hostname= master
# ambari-agent restart
```

② 打开 Ambari Agent 的日志文件/var/log/ambari-agent/ambari-agent.log，查看是否存在“Building Heartbeat: {responseId =……”等字样，如果有，则表示 Ambari Server 和 Ambari Agent 之间已经成功传递了心跳连接信号。

```
# tail -f /var/log/ambari-agent/ambari-agent.log
INFO 2017-01-12 09:44:20,919 Controller.py:265 - Heartbeat response received (id = 1340) INFO   2017-01-12   09:44:30,820 Heartbeat.py:78   - Building Heartbeat:   {responseId = 1340,
timestamp = 1484214270820, commandsInProgress = False, componentsMapped = True}
```

（4）部署管理 Hadoop 集群

登录页面 http://[ambari-server]:8080/，在“用户名”文本框中输入“admin”，在“密码”文本框中输入“admin”，即可启动安装向导、创建集群和安装服务。Ambari 管理界面如图 6-3 所示，Ambari 安装向导如图 6-4 所示。

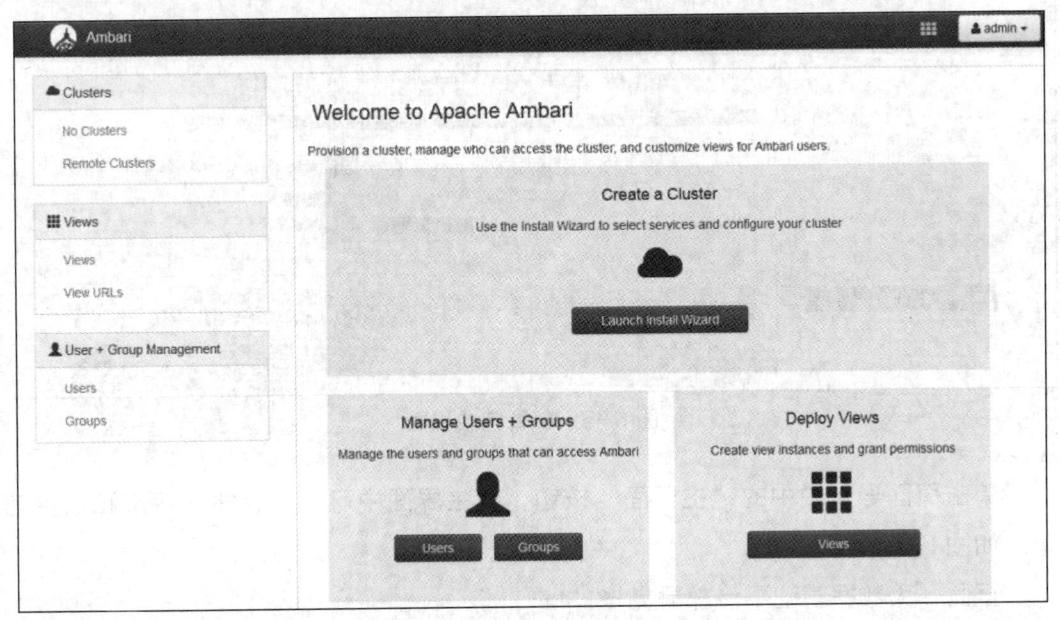

图 6-3　Ambari 管理界面

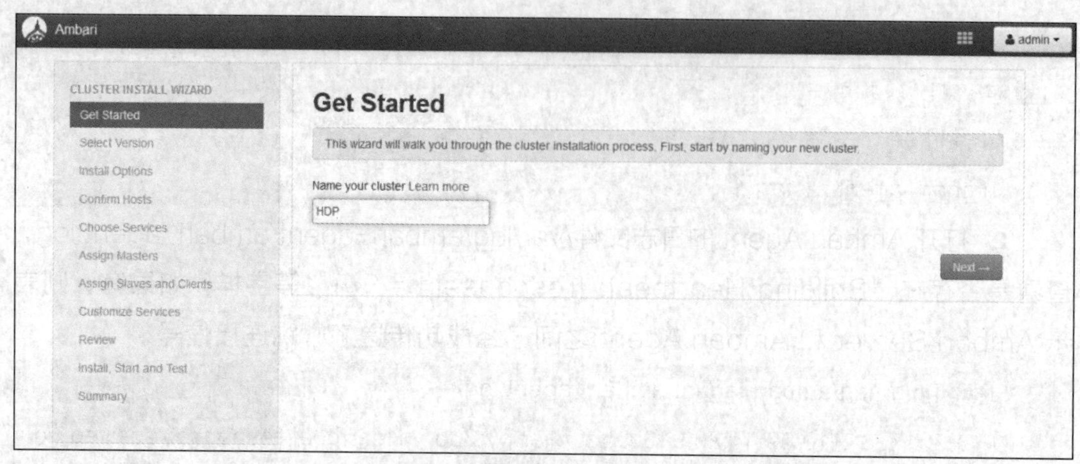

图 6-4　Ambari 安装向导

在“选择安装栈”界面中，指定安装源 HDP-2.4 和 HDP-UTILS-1.1.0.20 的位置，指定相应的目标主机，并选择手动注册主机，选择所需要安装的服务，本任务需安装 HDFS、YARN+MapReduce2、ZooKeeper、Ambari Metrics、Hive、HBase、Mahout、Sqoop、Spark 等服务。在整个过程中，需要设置 Grafana Admin 和 Hive 的密码。部署完成界面如图 6-5 所示。

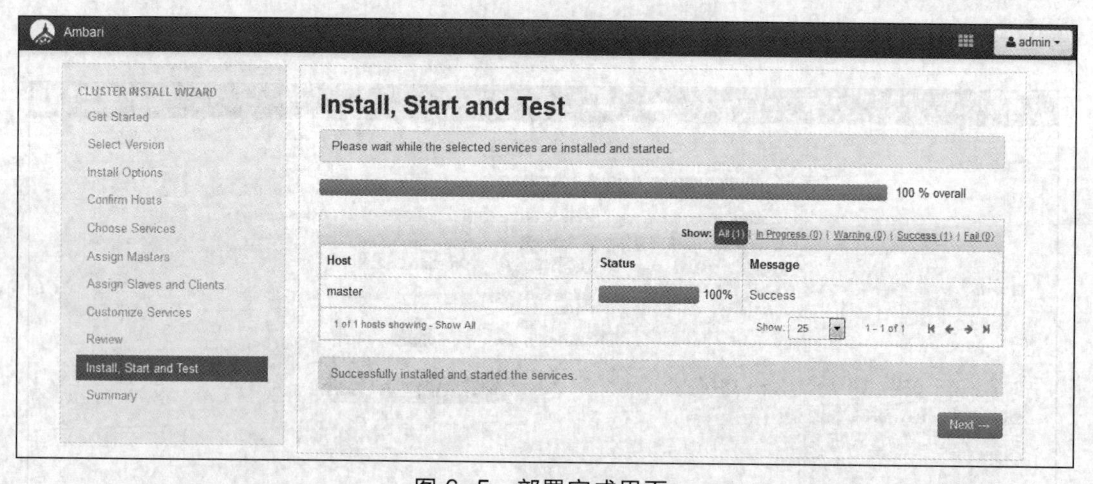

图 6-5　部署完成界面

单击页面导航栏中的“主界面”按钮，在主界面中可以查看集群状态和监控信息，如图 6-6 所示。

至此，大数据基础平台部署完毕。

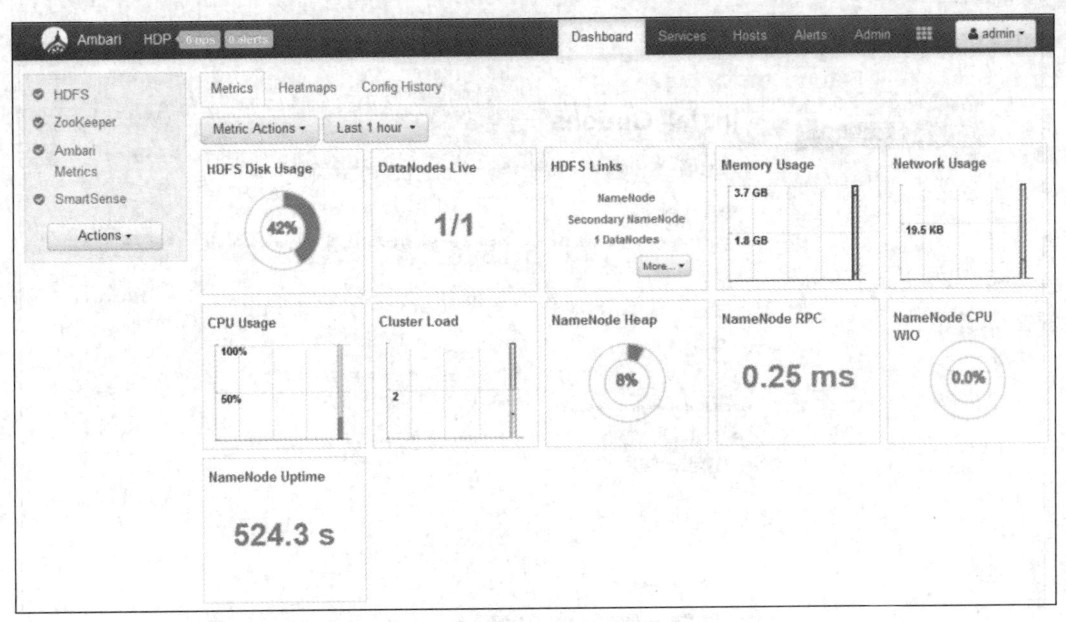

图 6-6 主界面

2. 利用 Ambari 扩展集群

搭建好的集群可以通过 Ambari 来扩展。

（1）进入“主机”界面，单击左上角的“动作”下拉按钮，在弹出的下拉列表中选择“添加新的主机”选项，如图 6-7 所示。

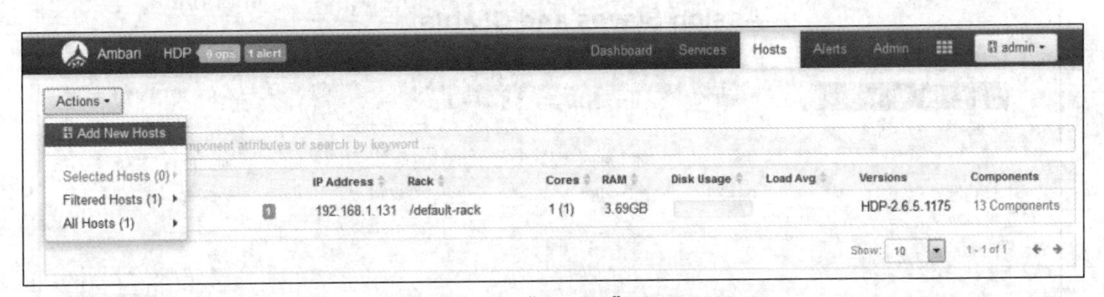

图 6-7 “Hosts”界面

（2）进入“Add Host Wizard”界面，需要输入新增的机器名（包含完整域名）及 Ambari Service 主机上生成的私钥，如图 6-8 所示。

（3）需要部署已安装 Service 的 Slave 模块和 Client 模块，如图 6-9 所示。

（4）选择对应的 Service 的配置。这里 Ambari 为用户选择了默认的配置。选择完成后，即可安装 Ambari Agent，并安装选择的模块。

（5）设置完成后，可以在“主机”界面中看到已成功添加新主机，如图 6-10 所示。

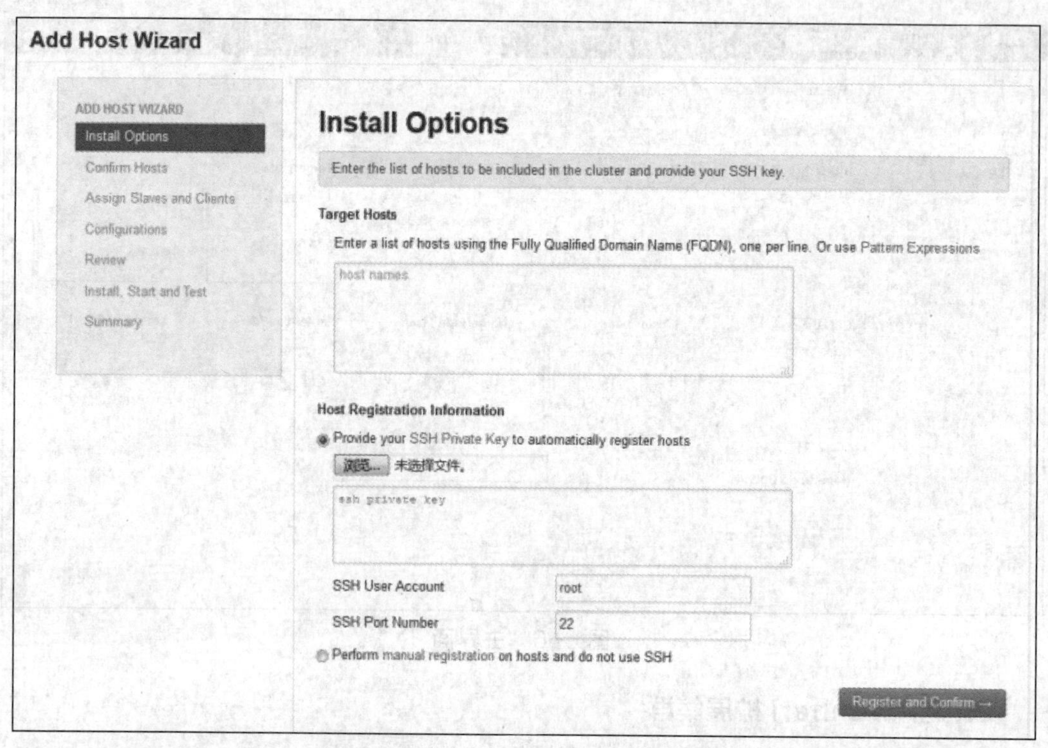

图 6-8 “Add Host Wizard”界面

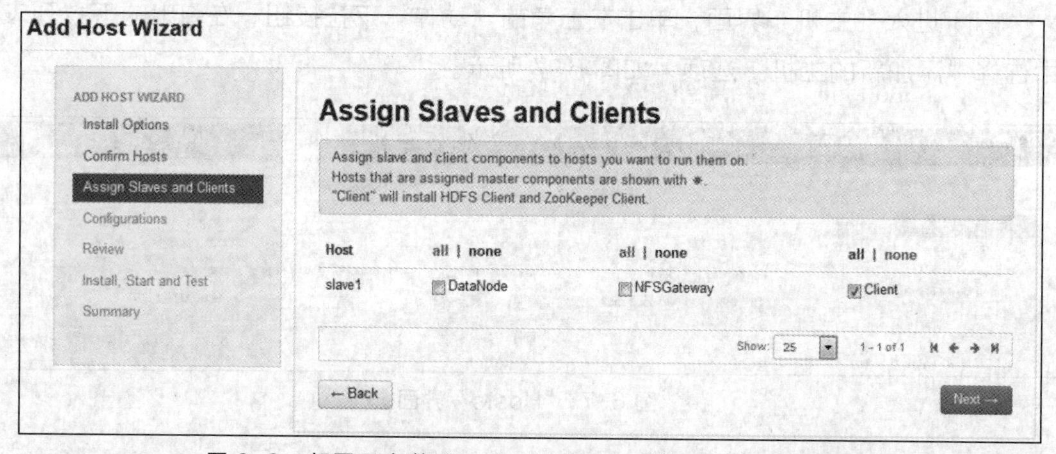

图 6-9 部署已安装 Service 的 Slave 模块和 Client 模块

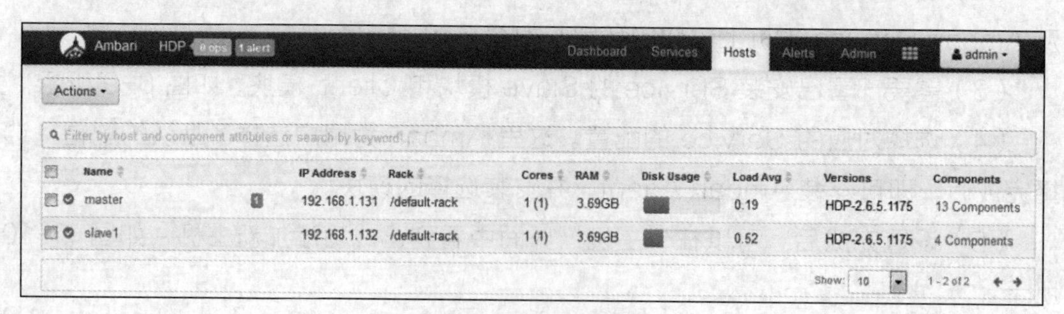

图 6-10 成功添加新主机

任务 6.2 使用 Ambari 管理 Hadoop 集群

任务描述

（1）学习通过 Ambari Web 管理界面对 Hadoop 服务进行管理的方法。

（2）学习通过 Ambari Web 管理界面对集群主机进行管理的方法。

（3）学习通过 Ambari Web 管理界面对 Hadoop 服务进程进行管理的方法。

（4）学习通过 Ambari Web 管理界面对服务配置文件进行管理的方法。

（5）使用 Ambari，完成对 Hadoop 集群的管理。

任务目标

（1）学会使用 Ambari Web 管理界面对 Hadoop 服务进行管理的方法。

（2）学会使用 Ambari Web 管理界面对集群主机进行管理的方法。

（3）学会使用 Ambari Web 管理界面对 Hadoop 服务进程进行管理的方法。

（4）学会使用 Ambari Web 管理界面对服务配置文件进行管理的方法。

知识准备

Ambari 的 GUI 有助于平台管理员去管理、维护和监控 Hadoop 集群，下面将介绍如何使用 Ambari 来进行集群管理，包括服务管理、主机管理、进程管理和配置管理。

在 Hadoop 集群部署完成后，打开部署 Ambari Server 主机的 8080 端口。默认的管理员用户名为 admin，密码为 admin。登录后进入的是 Ambari 管理 Hadoop 集群的主界面，该界面展示了集群服务的运行状态、资源使用状况、配置参数及错误告警等。

任务实施

1. 服务管理

在主界面左侧的服务列表中，可以选择任意一个想要操作的服务。以 HDFS 为例，选择左侧服务列表中的“HDFS”选项后，可在界面右侧看到该服务的相关信息。

选择“概要”选项卡，可以看到 HDFS 运行的进程信息，包括运行状态、资源使用情况及监控信息。单击页面导航栏中的“服务”按钮，单击导航栏下方的“服务操作”下拉按钮，在弹出的下拉列表中看到很多服务控制选项，如“启动”“停止”“重启”等，如图 6-11 所示。通过这些控制选项，可以对服务进行管理。

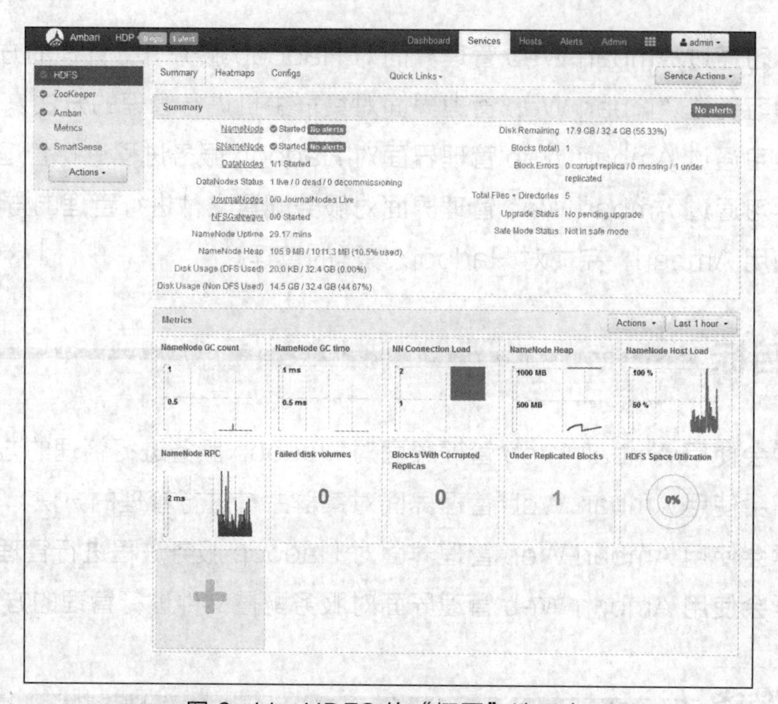

图 6-11　HDFS 的“概要”选项卡

Hadoop 的集群部署完成后，用户并不知道这个集群是否可用。此时可以借助“运行服务检查”选项来确保集群服务正常运行。选择此选项后，会在弹出的对话框中显示图 6-12 所示的 HDFS 服务操作进度。

1 在后台操作运行

显示 所有 (11)

操作	开始时间	持续时间	进度
HDFS Service Check	Today 15:20	0 secs	9%
HDFS Service Check	Today 15:19	15.11 secs	100%
Start 所有服务	Today 14:58	296.81 secs	100%
Start ZooKeeper Server	Today 14:46	34.66 secs	100%
Restart all components with Stale Configs for HIVE	Wed Jul 05 2017 15:45	82.23 secs	100%
Restart all components with Stale Configs for YARN	Wed Jul 05 2017 15:45	30.61 secs	100%

在启动后台操作时，不要再次显示此对话框　确认

图 6-12　HDFS 服务操作进度

其实，这里就是通过向 HDFS 的 tmp 目录中上传一个临时文件来检测系统运行是否正常。当进度条执行完毕后，全绿代表服务运行正常，全红代表服务运行失败，黄色代表出现告警信息。

“服务操作”下拉列表中的“启动”“停止”“重启”3 个选项的含义分别是指启动、停止、重启集群中所有该服务的进程。进入 HDFS 服务重启界面时，可以查看每个主机进程的操作进度和运行日志，如图 6-13 所示。

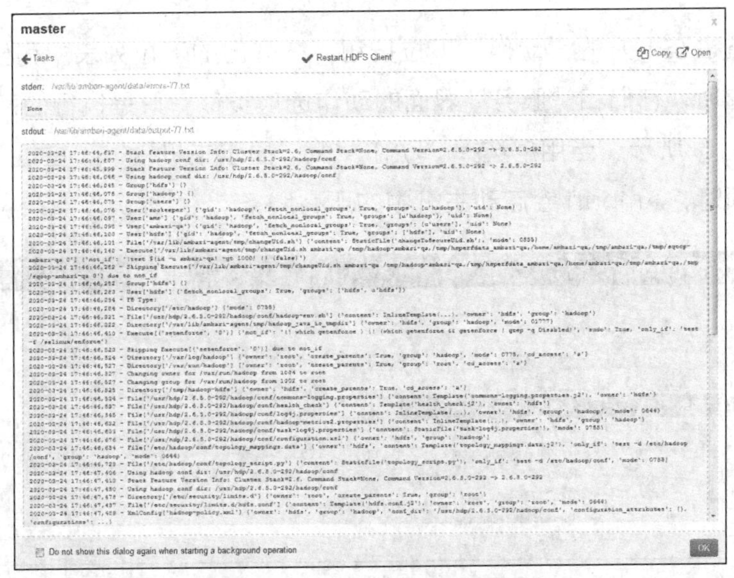

图 6-13　HDFS 服务重启界面

在“服务操作”下拉列表中有“打开维护模式”选项，该选项用于在用户调试或维护过程中抑制不必要的告警信息，以及避免批量操作的影响（启动所有服务、停止所有服务、重启所有服务等）。维护模式中有不同的级别设置，分别是服务级别、主机级别及进程级别，3 种级别之间存在着覆盖关系。例如，由于 HDFS 部署在多台主机中，当它的维护模式功能启用后，HDFS 便不会产生任何新的告警；当用户重启集群所有服务时，该服务会忽略这个批量操作；当用户重启一个机器的所有进程时，该服务的进程也会被忽略。

在主界面左侧的服务列表的最下方有一个“动作”按钮，单击该按钮，可以弹出对服务进行操作的下拉列表，其中包含“增加服务”“启动所有服务”“停止所有服务”等选项。

2．主机管理

单击导航栏中的“主机”按钮，可以打开 Ambari 所管理的主机列表，如图 6-14 所示。

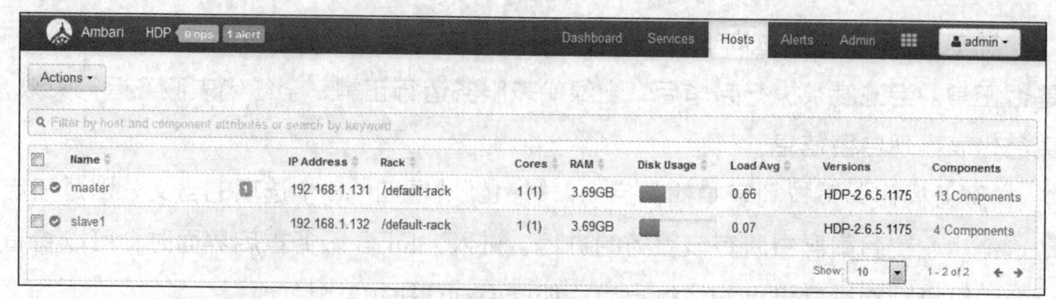

图 6-14　主机列表

单击导航栏左下方的“动作”下拉按钮，在弹出的下拉列表中列出了与主机相关的动作的选项，它们和“服务”界面的动作选项类似，只是执行的范围不同。

如图 6-15 所示，当用户选择“动作”→“显示主机”→“主机”→“启动所有组件”选项时，Ambari 会启动主机中的所有服务。

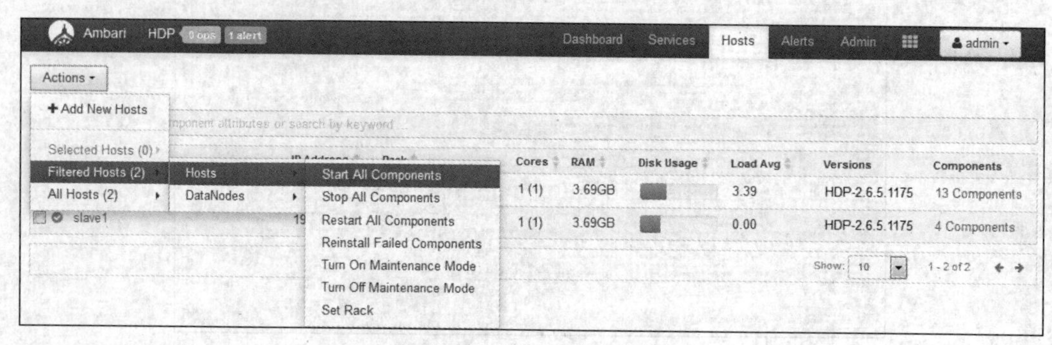

图 6-15　启动所有组件

当用户在“动作”下拉列表中选择“所有主机”→“DataNodes”→“停止所有组件”选项时，Ambari 会关闭所有机器关于 DataNode 的进程。

当集群不能够满足生产环境所需的资源时，可以通过“动作”下拉列表中“添加新的主机”选项来扩展集群。在新的主机节点加入集群之前，需要完成任务 6.1 中基本环境的配置及 Ambari Agent 服务的安装配置。

进入其中的一台主机，如 Master，可以看到该主机中所有进程的运行状态、主机资源使用情况、主机的 IP 地址、资源栈等信息。在导航栏右下方有“主机动作”下拉按钮，通过单击该下拉按钮可以进行一系列操作，如图 6-16 所示。

在“主机动作”下拉列表中有“打开维护模式”选项，对于主机级别的维护模式来说，就是打开该主机所有进程的维护模式。如果该主机已经产生告警信息，一旦维护模式被打开，告警信息就会被屏蔽，并抑制新告警信息的产生，所有的批量操作都会忽略该机器。

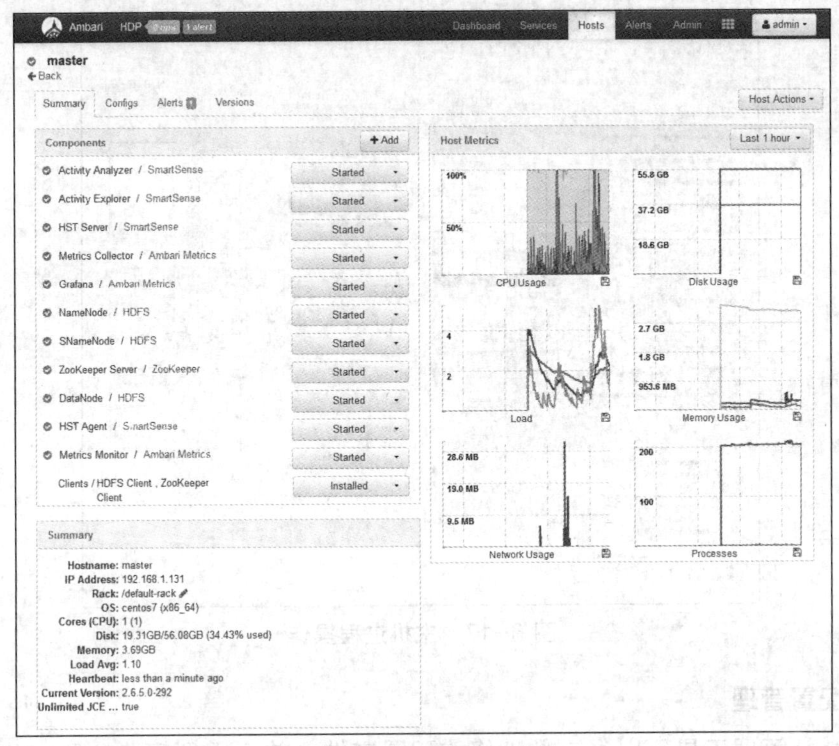

图 6-16 主机动作操作

3. 进程管理

每个服务都由相应的进程组成，如 HDFS 服务包含了 NameNode、Secondary NameNode、DateNode 等进程。每台主机中都安装了相应的服务进程，如 Master 节点中包含 HDFS 的 NameNode 进程，Slave1 节点中包含 Secondary NameNode、DateNode 进程。

进入 Master 节点，找到需要进行管理的进程，如 NameNode，该进程后面有“Started”下拉按钮，表示该进程正在运行中，单击该按钮可以改变进程的运行状态，如“重启”“停止”“移动”“打开维护模式”“均衡 HDFS”等，如图 6-17 所示。

其中，打开进程级别的维护模式后会有以下两个影响。

① 该进程不再受批量操作的控制。

② 抑制该进程告警信息的产生。

例如，打开 Master 节点的 DataNode 的维护模式，那么当用户在“服务操作”下拉列表中选择“停止”选项时，将会停止所有 HDFS 服务，但该主机的 DataNode 不会被关闭，这是因为停止 HDFS 服务的批量操作后，会直接忽略 Master 节点中的 DataNode。

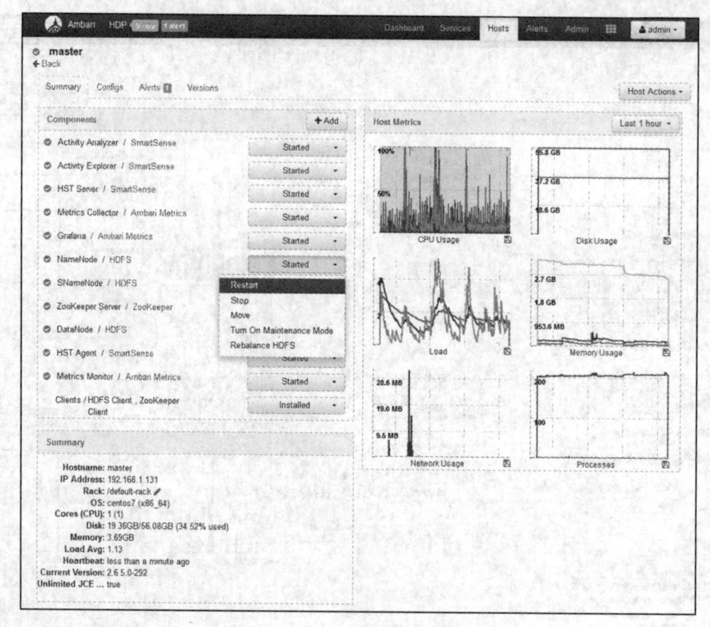

图 6-17　主机进程操作

4．配置管理

Ambari 管理工具可以很方便地修改配置文件，并应用到集群的每一台主机中，尤其是在集群中的主机数量非常多的情况下。

例如，需要修改集群 HDFS Block 复制因子（Block Replication）为 2，在手动部署集群的情况下，要修改每一台主机的 hdfs-site.xml 配置文件。如果一个集群中有几十台或者几百台主机，则工作量是非常大的。而 Ambari 集群管理工具可以很好地应对这种情况，由集群中的 Ambari Server 向每台主机中的 Ambari Agent 发送相关的心跳信息，由此更新每台主机中的配置文件。具体操作步骤如下。

在页面导航栏中选择“服务”→“HDFS”选项，在其服务列表右侧选择“配置”→“Advanced”（该选项卡下项目较多，可以滚动页面查找下面选项）→“General”→“Block Replication”选项，将“Block replication”修改为 2，单击“保存”按钮，如图 6-18 所示。

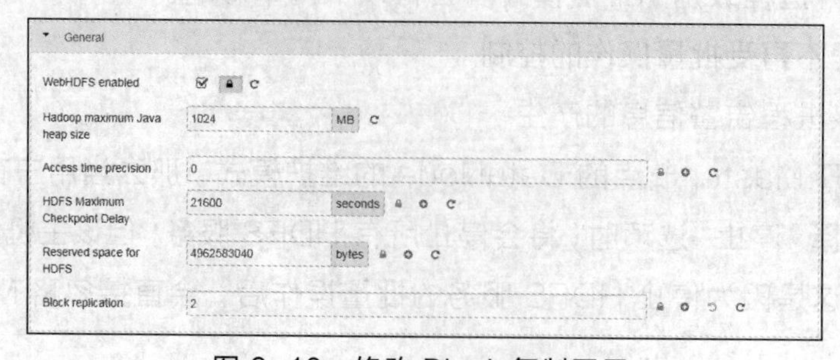

图 6-18　修改 Block 复制因子

保存成功后，可以看到相应的版本信息，如图 6-19 所示，单击“重启”按钮，重启所有标记重启的组件。

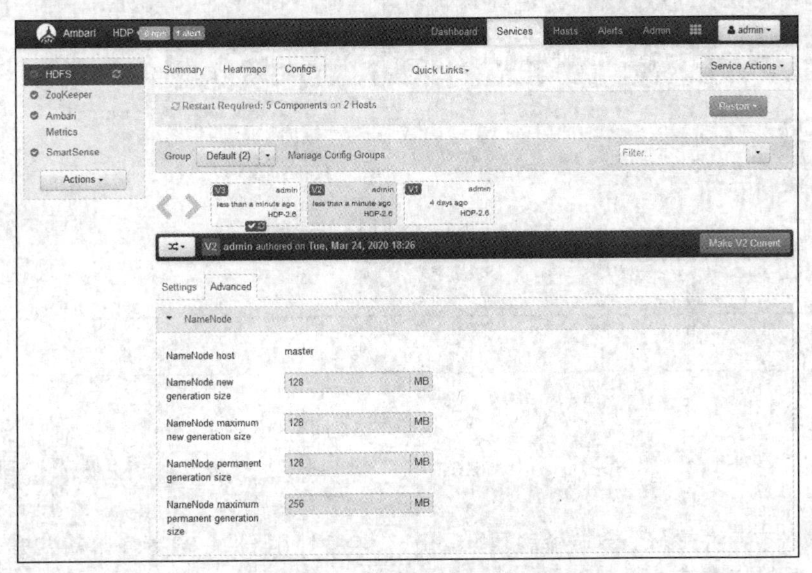

图 6-19　相应的版本信息

在 Ambari 图形界面中，可以查看某一台主机的配置文件。单击页面导航栏中的“主机”按钮，在进入的界面中选择相应的主机，选择“配置”选项卡，便可以查看相应服务的配置信息。为了保证整个集群配置信息的统一，这里要禁止单独修改某一台主机的配置文件。

项目 7 Hadoop平台应用综合案例

07

学习目标

【知识目标】

1. 熟悉 HDFS、Hive、MySQL、HBase 的数据互导。
2. 了解 Hive 与传统关系型数据库的区别。
3. 熟悉 Hive 的技术优势。

【技能目标】

1. 学会 HDFS、Hive、MySQL、HBase 的数据互导操作。
2. 学会使用 Hive 进行简单的数据分析操作。

项目描述

在 Hadoop 平台应用中，为了进行数据的处理，往往需要在各个组件间进行数据的导入与导出操作，并利用 Hive 进行简单的数据分析。

本项目主要完成以下任务。

（1）将本地数据集上传到数据仓库 Hive 中。

（2）使用 Hive 进行简单的数据分析。

（3）实现 Hive、MySQL、HBase 数据的互导。

任务 7.1 本地数据集上传到数据仓库 Hive

任务描述

将本地数据集上传到数据仓库 Hive 中。

任务目标

学会将本地数据集上传到数据仓库 Hive 中的方法。

任务实施

下面把 test.txt 中的数据导入到数据仓库 Hive 中。为了完成这个操作，需要先把 test.txt 上传到 HDFS 中，再在 Hive 中创建一个外部表，完成数据的导入。

1. 启动 HDFS

HDFS 是 Hadoop 的核心组件，因此，要想使用 HDFS，必须先安装 Hadoop。这里已经安装了 Hadoop，打开一个终端，执行命令“start-all.sh”，启动 Hadoop 服务，如图 7-1 所示。

```
hadoop@ubuntu:~$ start-all.sh
```

图 7-1 启动 Hadoop 服务

执行命令“jps”，查看当前运行的进程，如图 7-2 所示。

```
hadoop@ubuntu:~$ jps
2662 ResourceManager
3079 RunJar
2169 NameNode
6809 Jps
2297 DataNode
2778 NodeManager
5916 HMaster
5853 HQuorumPeer
2509 SecondaryNameNode
6046 HRegionServer
```

图 7-2 查看当前运行的进程

2. 将本地文件上传到 HDFS 中

将本地文件 test.txt 上传并存储在 HDFS 的 bigdatacase/ dataset 目录中。

在 HDFS 的根目录中创建一个新的目录 bigdatacase，并在其中创建一个子目录 dataset，如图 7-3 所示。

```
hadoop@ubuntu:~$ hadoop dfs -mkdir -p /bigdatacase/dataset
DEPRECATED: Use of this script to execute hdfs command is deprecated.
Instead use the hdfs command for it.
```

图 7-3 创建目录

执行命令将 test.txt 文件上传到 HDFS 的 bigdatacase/dataset 目录中，如图 7-4 所示。

```
hadoop@ubuntu:~$ hadoop dfs -put /usr/local/bigdatacase/dataset/test.txt  /bigda
tacase/dataset
DEPRECATED: Use of this script to execute hdfs command is deprecated.
Instead use the hdfs command for it.
```

图 7-4　将文件上传到 HDFS 中

执行命令“hadoop dfs -cat /bigdatacase/dataset/test.txt | head -10”，查看 HDFS 中的 test.txt 的前 10 条记录，如图 7-5 所示。

```
hadoop@ubuntu:~$ hadoop dfs -cat /bigdatacase/dataset/test.txt | head -10
DEPRECATED: Use of this script to execute hdfs command is deprecated.
Instead use the hdfs command for it.

111.145.51.149   20130530184851   forum.php?mod=image&aid=18322&size=300x300&key=6
c372c86470a6cea&nocache=yes&type=fixnone
220.181.108.89   20130531020223   forum.php
203.208.60.61    20130531020223   home.php?mod=space&uid=42714&do=profile
1.202.219.124    20130531020223   home.php?mod=space&uid=12026&do=share&view=me&fr
om=space&type=thread
124.239.208.72   20130530184851   api/connect/like.php
212.227.59.49    20130531020219   data/cache/style_1_forum_viewthread.css?F97
110.90.190.163   20130531020224   forum.php
123.119.31.31    20130531020225   api.php?mod=js&bid=65
101.131.180.242 20130530184852   template/newdefault/style/t5/nv.png
110.178.201.232 20130531020224   home.php?mod=space&uid=17496&do=profile&mobile=y
es
cat: Unable to write to output stream.
```

图 7-5　查看 test.txt 的前 10 条记录

3. 在 Hive 中创建数据库

（1）创建数据库和数据表

执行命令“service mysql start”，启动 MySQL 数据库，如图 7-6 所示。

```
hadoop@ubuntu:~$ service mysql start
```

图 7-6　启动 MySQL 数据库

Hive 是基于 Hadoop 的数据仓库，使用 HiveQL 语言编写的查询语句，最终都会被 Hive 自动解析为 MapReduce 任务，并由 Hadoop 具体执行。因此，需要先启动 Hadoop 服务，再通过执行命令“hive”来启动 Hive 服务，如图 7-7 所示。

```
hadoop@ubuntu:~$ hive

Logging initialized using configuration in file:/usr/local/hive/conf/hive-log4j.
properties
hive (default)>
```

图 7-7　启动 Hive 服务

启动 Hive 服务后，执行命令“create database dblab”，在 Hive 中创建一个数据库 dblab，如图 7-8 所示。

```
hive> create database dblab;
```

图 7-8　在 Hive 中创建一个数据库

创建外部表，如图 7-9 所示。

```
hive> create external dblab.bigdata_user(ip string,time string,url string) row f
ormat delimited fields terminated by '\t' stored as textfile location '/bigdatac
ase/dataset';
```

图 7-9　创建外部表

（2）查询数据

在 Hive 命令行模式下，执行命令“show create table bigdata_user”，查看表的各种属性，如图 7-10 所示。

```
hive> show create table bigdata_user;
OK
CREATE EXTERNAL TABLE `bigdata_user`(
  `ip` string,
  `time` string,
  `url` string)
ROW FORMAT DELIMITED
  FIELDS TERMINATED BY '\t'
STORED AS INPUTFORMAT
  'org.apache.hadoop.mapred.TextInputFormat'
OUTPUTFORMAT
  'org.apache.hadoop.hive.ql.io.HiveIgnoreKeyTextOutputFormat'
LOCATION
  'hdfs://localhost:9000/bigdatacase/dataset'
TBLPROPERTIES (
  'COLUMN_STATS_ACCURATE'='false',
  'numFiles'='0',
  'numRows'='-1',
  'rawDataSize'='-1',
  'totalSize'='0',
  'transient_lastDdlTime'='1533085360')
Time taken: 0.18 seconds, Fetched: 19 row(s)
```

图 7-10　查看表的各种属性

执行命令“desc bigdata_user”，查看表的简单结构，如图 7-11 所示。

```
hive> desc bigdata_user;
OK
ip                      string
time                    string
url                     string
Time taken: 0.168 seconds, Fetched: 3 row(s)
```

图 7-11　查看表的简单结构

执行命令“select * from bigdata_user limit 10”，查看表的前 10 条数据，如图 7-12 所示。

```
hive> select * from bigdata_user limit 10;
OK
111.145.51.149  20130530184851  forum.php?mod=image&aid=18322&size=300x300&key=6
c372c86470a6cea&nocache=yes&type=fixnone
220.181.108.89  20130531020223  forum.php
203.208.60.61   20130531020223  home.php?mod=space&uid=42714&do=profile
1.202.219.124   20130531020223  home.php?mod=space&uid=12026&do=share&view=me&fr
om=space&type=thread
124.239.208.72  20130530184851  api/connect/like.php
212.227.59.49   20130531020219  data/cache/style_1_forum_viewthread.css?F97
110.90.190.163  20130531020224  forum.php
123.119.31.31   20130531020225  api.php?mod=js&bid=65
101.131.180.242 20130530184852  template/newdefault/style/t5/nv.png
110.178.201.232 20130531020224  home.php?mod=space&uid=17496&do=profile&mobile=y
es
Time taken: 0.669 seconds, Fetched: 10 row(s)
```

图 7-12　查看表的前 10 条数据

任务 7.2　使用 Hive 进行简单的数据分析

任务描述

使用 Hive 进行简单的数据分析。

任务目标

学会使用 Hive 进行简单数据分析的方法。

任务实施

1. 简单查询分析

执行命令“select ip from bigdata_user limit 10”，查询前 10 条记录的 ip，如图 7-13 所示。

```
hive> select ip from bigdata_user limit 10;
OK
111.145.51.149
220.181.108.89
203.208.60.61
1.202.219.124
124.239.208.72
212.227.59.49
110.90.190.163
123.119.31.31
101.131.180.242
110.178.201.232
Time taken: 0.176 seconds, Fetched: 10 row(s)
```

图 7-13　查询前 10 条记录的 ip

2. 查询前 20 条记录的 ip 和 time

执行命令“select ip,time from bigdata_user limit 20”，查询前 20 条记录的 ip 和 time，如图 7-14 所示。

```
hive> select ip,time from bigdata_user limit 20;
OK
111.145.51.149  20130530184851
220.181.108.89  20130531020223
203.208.60.61   20130531020223
1.202.219.124   20130531020223
124.239.208.72  20130530184851
212.227.59.49   20130531020219
110.90.190.163  20130531020224
123.119.31.31   20130531020225
101.131.180.242 20130530184852
110.178.201.232 20130531020224
124.228.0.205   20130531020223
101.131.180.242 20130530184853
66.249.74.211   20130531020225
101.131.180.242 20130530184852
110.178.201.232 20130531020226
220.181.89.156  20130531020224
110.90.190.163  20130531020226
110.90.190.163  20130531020227
110.75.173.45   20130530184852
124.228.0.205   20130531020226
Time taken: 0.138 seconds, Fetched: 20 row(s)
```

图 7-14　查询前 20 条记录的 ip 和 time

3. 使用聚合函数 count()统计表中的数据

执行命令“select count(*) from bigdata_user”，统计表中的数据，如图 7-15 所示。

```
hive> select count(*) from bigdata_user;
Query ID = hadoop_20180731184820_539548a5-fee4-4192-a9d3-09d979e3fe8b
Total jobs = 1
Launching Job 1 out of 1
Number of reduce tasks determined at compile time: 1
In order to change the average load for a reducer (in bytes):
  set hive.exec.reducers.bytes.per.reducer=<number>
In order to limit the maximum number of reducers:
  set hive.exec.reducers.max=<number>
In order to set a constant number of reducers:
  set mapreduce.job.reduces=<number>
Starting Job = job_1533085075295_0001, Tracking URL = http://ubuntu:8088/proxy/a
pplication_1533085075295_0001/
Kill Command = /usr/local/hadoop/bin/hadoop job  -kill job_1533085075295_0001
Hadoop job information for Stage-1: number of mappers: 1; number of reducers: 1
2018-07-31 18:48:42,106 Stage-1 map = 0%,  reduce = 0%
2018-07-31 18:49:06,370 Stage-1 map = 36%,  reduce = 0%, Cumulative CPU 7.08 sec
2018-07-31 18:49:11,958 Stage-1 map = 100%,  reduce = 0%, Cumulative CPU 8.38 se
c
2018-07-31 18:49:21,594 Stage-1 map = 100%,  reduce = 100%, Cumulative CPU 9.92
sec
MapReduce Total cumulative CPU time: 9 seconds 920 msec
```

图 7-15　统计表中的数据

任务 7.3　Hive、MySQL、HBase 数据的互导

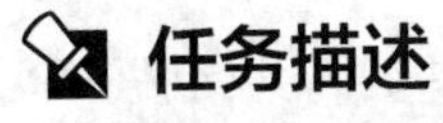

任务描述

Hive、MySQL、HBase 数据的互导。

任务目标

学会 Hive、MySQL、HBase 的数据互导操作。

任务实施

1. Hive 预操作

创建临时表 user_action，如图 7-16 所示。

```
hive> create external table user_action(ip string,time string,url string) row fo
rmat delimited fields terminated by '\t' stored as textfile;
```

图 7-16 创建临时表

创建完成后，Hive 会自动在 HDFS 中创建对应的数据文件/user/hive/warehouse/dbalb.db/user_action。

执行命令“hadoop dfs -ls /user/hive/warehouse/dblab.db/user_action”，在 HDFS 中查看创建的 user_action 表，如图 7-17 所示。

```
hadoop@ubuntu:/usr/local/hbase/bin$ hadoop dfs -ls /user/hive/warehouse/dblab.db
/user_action
DEPRECATED: Use of this script to execute hdfs command is deprecated.
Instead use the hdfs command for it.

Found 1 items
drwxr-xr-x   - hadoop supergroup          0 2018-07-31 20:51 /user/hive/warehous
e/dblab.db/user_action/000000_0
```

图 7-17 在 HDFS 中查看创建的 user_action 表

2. 数据导入操作

在 Hive 命令行模式下执行命令“insert overwrite table dblab.user_action select * from dblab.bigdata_user”，将 bigdata_user 表中的数据导入 user_action 表中，如图 7-18 所示。

```
hive> insert overwrite table dblab.user_action select * from dblab.bigdata_user
```

图 7-18 将 bigdata_user 表中的数据导入 user_action 表中

执行命令“select * from user_action limit 10”，查询表的前 10 条记录，如图 7-19 所示。

```
hive> select * from user_action limit 10;
```

图 7-19 查询表的前 10 条记录

执行结果如图 7-20 所示。

```
111.145.51.149  20130530184851  forum.php?mod=image&aid=18322&size=300x300&key=6
c372c86470a6cea&nocache=yes&type=fixnone
220.181.108.89  20130531020223  forum.php
203.208.60.61   20130531020223  home.php?mod=space&uid=42714&do=profile
1.202.219.124   20130531020223  home.php?mod=space&uid=12026&do=share&view=me&fr
om=space&type=thread
124.239.208.72  20130530184851  api/connect/like.php
212.227.59.49   20130531020219  data/cache/style_1_forum_viewthread.css?F97
110.90.190.163  20130531020224  forum.php
123.119.31.31   20130531020225  api.php?mod=js&bid=65
101.131.180.242 20130530184852  template/newdefault/style/t5/nv.png
110.178.201.232 20130531020224  home.php?mod=space&uid=17496&do=profile&mobile=y
es
Time taken: 0.099 seconds, Fetched: 10 row(s)
```

图 7-20　执行结果

3. 使用 Sqoop 将数据从 Hive 导入 MySQL 中

登录 MySQL，在 dblab 数据库中创建与 Hive 对应的 user_action 表，并设置其编码格式为 UTF-8，如图 7-21 所示。

```
mysql> use dblab;
Database changed
mysql> create table user_action(
    -> id varchar(50),
    -> uid varchar(50),
    -> item_id varchar(50),
    -> behavior_type varchar(10),
    -> item_category varchar(50),
    -> visit_date DATE,
    -> province varchar(20))
    -> ENGINE=InnoDB DEFAULT CHARSET=utf8;
Query OK, 0 rows affected (0.08 sec)
```

图 7-21　创建与 Hive 对应的 user_action 表

退出 MySQL，进入 Sqoop 的 bin 目录，导入数据，如图 7-22 所示。

```
hadoop@master:/home/sqoop/bin$ ./sqoop export --connect jdbc:mysql://localhost:3
306/dblab --username root --password 123456 --table user_action --export-dir /us
er/hive/warehouse/dblab.db/user_action --fields-terminated-by '\t';
Warning: /home/sqoop/../hcatalog does not exist! HCatalog jobs will fail.
Please set $HCAT_HOME to the root of your HCatalog installation.
Warning: /home/sqoop/../accumulo does not exist! Accumulo imports will fail.
Please set $ACCUMULO_HOME to the root of your Accumulo installation.
Warning: /home/sqoop/../zookeeper does not exist! Accumulo imports will fail.
Please set $ZOOKEEPER_HOME to the root of your Zookeeper installation.
18/08/01 09:49:03 INFO sqoop.Sqoop: Running Sqoop version: 1.4.7
18/08/01 09:49:03 WARN tool.BaseSqoopTool: Setting your password on the command-
line is insecure. Consider using -P instead.
18/08/01 09:49:03 INFO manager.MySQLManager: Preparing to use a MySQL streaming
resultset.
18/08/01 09:49:03 INFO tool.CodeGenTool: Beginning code generation
18/08/01 09:49:04 INFO manager.SqlManager: Executing SQL statement: SELECT t.* F
ROM `user_action` AS t LIMIT 1
18/08/01 09:49:04 INFO manager.SqlManager: Executing SQL statement: SELECT t.* F
ROM `user_action` AS t LIMIT 1
18/08/01 09:49:04 INFO orm.CompilationManager: HADOOP_MAPRED_HOME is /home/doc/h
adoop
```

图 7-22　导入数据

使用 root 用户登录 MySQL，查看已经从 Hive 导入 MySQL 中的数据，如图 7-23 所示。

```
mysql> use dblab;
Database changed
mysql> select * from user_action limit 7;
+--------+-----------+---------+---------------+---------------+------------+----------
+
| id     | uid       | item_id | behavior_type | item_category | visit_date | province
|
+--------+-----------+---------+---------------+---------------+------------+----------
+
| 1      | 1000102   | 22255   | 1             | 405           | 2014-12-08 | iangj
|
| 561118 | 102556221 | 23      | 1             | 52098         | 2014-12-17 | ln
|
| 561119 | 102556221 | 24      | 1             | 5208          | 2014-12-18 | zhj
|
| 561120 | 102556221 | 25      | 1             | 5209          | 2014-12-19 | djz
|
| 561121 | 102556221 | 26      | 1             | 5202          | 2014-12-17 | ko
|
| 561122 | 102556221 | 27      | 1             | 5200          | 2014-12-19 | zq
|
| 1      | 1000102   | 22255   | 1             | 405           | 2014-12-08 | iangj
|
+--------+-----------+---------+---------------+---------------+------------+----------
+
7 rows in set (0.00 sec)
```

图 7-23　查看数据

4. 使用 Sqoop 将数据从 MySQL 导入 HBase 中

启动 Hadoop 集群和 HBase 服务，如图 7-24 和图 7-25 所示。

```
hadoop@master:/home/doc/hadoop$ ./sbin/start-all.sh
This script is Deprecated. Instead use start-dfs.sh and start-yarn.sh
Starting namenodes on [master]
master: starting namenode, logging to /home/doc/hadoop/logs/hadoop-hadoop-namenode-mast
er.out
slave2: starting datanode, logging to /home/doc/hadoop/logs/hadoop-hadoop-datanode-slav
e2.out
slave1: starting datanode, logging to /home/doc/hadoop/logs/hadoop-hadoop-datanode-slav
e1.out
Starting secondary namenodes [0.0.0.0]
0.0.0.0: starting secondarynamenode, logging to /home/doc/hadoop/logs/hadoop-hadoop-sec
ondarynamenode-master.out
starting yarn daemons
starting resourcemanager, logging to /home/doc/hadoop/logs/yarn-hadoop-resourcemanager-
master.out
slave1: starting nodemanager, logging to /home/doc/hadoop/logs/yarn-hadoop-nodemanager-
slave1.out
slave2: starting nodemanager, logging to /home/doc/hadoop/logs/yarn-hadoop-nodemanager-
slave2.out
```

图 7-24　启动 Hadoop 集群

```
hadoop@master:/home/hbase$ ./bin/start-hbase.sh
running master, logging to /home/hbase/logs/hbase-hadoop-master-master.out
Java HotSpot(TM) 64-Bit Server VM warning: ignoring option PermSize=128m; support was r
emoved in 8.0
Java HotSpot(TM) 64-Bit Server VM warning: ignoring option MaxPermSize=128m; support wa
s removed in 8.0
: running regionserver, logging to /home/hbase/logs/hbase-hadoop-regionserver-master.ou
t
: Java HotSpot(TM) 64-Bit Server VM warning: ignoring option PermSize=128m; support was
 removed in 8.0
: Java HotSpot(TM) 64-Bit Server VM warning: ignoring option MaxPermSize=128m; support
was removed in 8.0
```

图 7-25　启动 HBase 服务

接下来，启动 HBase Shell 服务，如图 7-26 所示。

```
hadoop@master:/home/hbase/bin$ ./hbase shell
SLF4J: Class path contains multiple SLF4J bindings.
SLF4J: Found binding in [jar:file:/usr/local/hbase/lib/slf4j-log4j12-1.7.5.jar!/
org/slf4j/impl/StaticLoggerBinder.class]
SLF4J: Found binding in [jar:file:/usr/local/hadoop/share/hadoop/common/lib/slf4
j-log4j12-1.7.10.jar!/org/slf4j/impl/StaticLoggerBinder.class]
SLF4J: See http://www.slf4j.org/codes.html#multiple_bindings for an explanation.
SLF4J: Actual binding is of type [org.slf4j.impl.Log4jLoggerFactory]
HBase Shell; enter 'help<RETURN>' for list of supported commands.
Type "exit<RETURN>" to leave the HBase Shell
Version 1.1.5, r239b80456118175b340b2e562a5568b5c744252e, Sun May  8 20:29:26 PD
T 2016

hbase(main):001:0>
```

图 7-26　启动 HBase Shell 服务

在 HBase 中创建 user_action 表，如图 7-27 所示。

```
hbase(main):003:0> create 'user_action',{NAME =>'f1',VERSIONS =>5}
0 row(s) in 1.9250 seconds

=> Hbase::Table - user_action
```

图 7-27　在 HBase 中创建 user_action 表

新建一个终端，通过 Sqoop 向 HBase 导入数据，如图 7-28 所示。

```
hadoop@master:/home/sqoop/bin$ ./sqoop import --connect jdbc:mysql://localhost:3
306/dblab?zeroDateTimeBehavior=ROUND --username root --password 123456 --table u
ser_action --hbase-table user_action --column-family f1 --hbase-row-key id -m 1
Warning: /home/sqoop/../hcatalog does not exist! HCatalog jobs will fail.
Please set $HCAT_HOME to the root of your HCatalog installation.
Warning: /home/sqoop/../accumulo does not exist! Accumulo imports will fail.
Please set $ACCUMULO_HOME to the root of your Accumulo installation.
Warning: /home/sqoop/../zookeeper does not exist! Accumulo imports will fail.
Please set $ZOOKEEPER_HOME to the root of your Zookeeper installation.
18/08/01 12:31:42 INFO sqoop.Sqoop: Running Sqoop version: 1.4.7
18/08/01 12:31:42 WARN tool.BaseSqoopTool: Setting your password on the command-
line is insecure. Consider using -P instead.
18/08/01 12:31:42 INFO manager.MySQLManager: Preparing to use a MySQL streaming
resultset.
18/08/01 12:31:42 INFO tool.CodeGenTool: Beginning code generation
Loading class `com.mysql.jdbc.Driver'. This is deprecated. The new driver class
is `com.mysql.cj.jdbc.Driver'. The driver is automatically registered via the SP
I and manual loading of the driver class is generally unnecessary.
Wed Aug 01 12:31:42 CST 2018 WARN: Establishing SSL connection without server's
identity verification is not recommended. According to MySQL 5.5.45+, 5.6.26+ an
d 5.7.6+ requirements SSL connection must be established by default if explicit
```

图 7-28　导入数据

再次切换到 HBase Shell 运行的终端窗口，执行命令“scan 'user_action', {LIMIT=>10}”，查询插入的前 10 条数据，如图 7-29 所示（此处由于显示内容较多，图中仅截取部分数据）。

5. 利用 HBase-thrift 库将数据导入 HBase 中

首先，使用“pip”命令安装最新版的 HBase-thrift 库，如图 7-30 所示。

```
hbase(main):001:0> scan 'user_action',{LIMIT=>10}
ROW                  COLUMN+CELL
 1                   column=f1:behavior_type, timestamp=1533097921664, value=1
 1                   column=f1:item_category, timestamp=1533097921664, value=40
                     5
 1                   column=f1:item_id, timestamp=1533097921664, value=22255
 1                   column=f1:province, timestamp=1533097921664, value=iangj
 1                   column=f1:uid, timestamp=1533097921664, value=1000102
 1                   column=f1:visit_date, timestamp=1533097921664, value=2014-
                     12-08
 561111              column=f1:behavior_type, timestamp=1533097921664, value=1
 561111              column=f1:item_category, timestamp=1533097921664, value=52
                     0
 561111              column=f1:item_id, timestamp=1533097921664, value=16
 561111              column=f1:province, timestamp=1533097921664, value=nanjing
 561111              column=f1:uid, timestamp=1533097921664, value=102556221
 561111              column=f1:visit_date, timestamp=1533097921664, value=2014-
                     11-01
 561112              column=f1:behavior_type, timestamp=1533097921664, value=1
 561112              column=f1:item_category, timestamp=1533097921664, value=52
                     03
 561112              column=f1:item_id, timestamp=1533097921664, value=17
 561112              column=f1:province, timestamp=1533097921664, value=sz
 561112              column=f1:uid, timestamp=1533097921664, value=102556221
 561112              column=f1:visit_date, timestamp=1533097921664, value=2014-
                     10-01
 561113              column=f1:behavior_type, timestamp=1533097921664, value=1
 561113              column=f1:item_category, timestamp=1533097921664, value=52
```

图 7-29　查询插入的前 10 条数据

```
hadoop@master:~$ pip install hbase-thrift
Collecting hbase-thrift
  Downloading https://files.pythonhosted.org/packages/89/f7/dbb6c764bb909ed361c2
55828701228d8c9867d541cfef84127e6f3704cc/hbase-thrift-0.20.4.tar.gz
Collecting Thrift (from hbase-thrift)
  Using cached https://files.pythonhosted.org/packages/c6/b4/510617906f8e0c5660e
7d96fbc5585113f83ad547a3989b80297ac72a74c/thrift-0.11.0.tar.gz
Collecting six>=1.7.2 (from Thrift->hbase-thrift)
  Downloading https://files.pythonhosted.org/packages/67/4b/141a581104b1f6397bfa
78ac9d43d8ad29a7ca43ea90a2d863fe3056e86a/six-1.11.0-py2.py3-none-any.whl
Building wheels for collected packages: hbase-thrift, Thrift
  Running setup.py bdist_wheel for hbase-thrift ... done
  Stored in directory: /home/hadoop/.cache/pip/wheels/fe/51/f2/afb7b010cd97910aa
0b651d492735a38ed69a93a817444904e
  Running setup.py bdist_wheel for Thrift ... done
  Stored in directory: /home/hadoop/.cache/pip/wheels/be/36/81/0f93ba89a1cb7887c
91937948519840a72c0ffdd57cac0ae8f
Successfully built hbase-thrift Thrift
Installing collected packages: six, Thrift, hbase-thrift
Successfully installed Thrift hbase-thrift six
```

图 7-30　安装最新版的 HBase-thrift 库

其次，在 HBase 中创建 student 表，其属性有 name、course，并查看创建的表，如图 7-31 所示。

```
hbase(main):001:0> create 'student','name','course'
0 row(s) in 2.1320 seconds

=> Hbase::Table - student
hbase(main):002:0> desc 'student'
Table student is ENABLED
student
COLUMN FAMILIES DESCRIPTION
{NAME => 'course', BLOOMFILTER => 'ROW', VERSIONS => '1', IN_MEMORY => 'false',
KEEP_DELETED_CELLS => 'FALSE', DATA_BLOCK_ENCODING => 'NONE', TTL => 'FOREVER',
COMPRESSION => 'NONE', MIN_VERSIONS => '0', BLOCKCACHE => 'true', BLOCKSIZE => '
65536', REPLICATION_SCOPE => '0'}
{NAME => 'name', BLOOMFILTER => 'ROW', VERSIONS => '1', IN_MEMORY => 'false', KE
EP_DELETED_CELLS => 'FALSE', DATA_BLOCK_ENCODING => 'NONE', TTL => 'FOREVER', CO
MPRESSION => 'NONE', MIN_VERSIONS => '0', BLOCKCACHE => 'true', BLOCKSIZE => '65
536', REPLICATION_SCOPE => '0'}
2 row(s) in 0.5060 seconds
```

图 7-31　创建并查看表

使用Python编程将本地数据导入HBase中，程序代码如图7-32所示。

切换到HBase Shell运行窗口，查询user_action表中插入的3条数据，如图7-33所示。

```
# -*- coding: utf-8 -*-
from thrift.transport import TSocket
from thrift.transport import TTransport
from thrift.protocol import TBinaryProtocol

from hbase import Hbase
from hbase.ttypes import ColumnDescriptor, Mutation

class HbaseClient(object):
    def __init__(self, host='localhost', port=9090):
        transport = TTransport.TBufferedTransport(TSocket.TSocket(host, port))
        protocol = TBinaryProtocol.TBinaryProtocol(transport)
        self.client = Hbase.Client(protocol)
        transport.open()

    def put(self, table, row, columns):

        self.client.mutateRow(table, row, map(lambda (k,v): Mutation(column=k, value=v),
columns.items()))

    def scan(self, table, start_row="", columns=None):

        scanner = self.client.scannerOpen(table, start_row, columns)
        while True:
            r = self.client.scannerGet(scanner)
            if not r:
                break
            yield dict(map(lambda (k, v): (k, v.value),r[0].columns.items()))

if __name__ == "__main__":
    client = HbaseClient("192.168.1.140", 9090)
    client.put("user_action", "1", {"name:":"xiaoming", "course:PE": "88", "course:Math":
"121"})
    client.put("user_action", "2", {"name:":"lilei", "course:Art": "74", "course:Math": "110"})
    client.put("user_action", "3", {"name:":"hexi","course:PE": "94"})
    print('success')
```

图7-32 程序代码

```
hbase(main):001:0> scan 'user_action'
ROW                    COLUMN+CELL
 1                     column=course:Math, timestamp=1533106511312, value=121
 1                     column=course:PE, timestamp=1533106511312, value=88
 1                     column=name:, timestamp=1533106511312, value=xiaoming
 2                     column=course:Art, timestamp=1533106511317, value=74
 2                     column=course:Math, timestamp=1533106511317, value=110
 2                     column=name:, timestamp=1533106511317, value=lilei
 3                     column=course:PE, timestamp=1533106511322, value=94
 3                     column=name:, timestamp=1533106511322, value=hexi
3 row(s) in 0.2080 seconds
```

图 7-33　查询 user_action 表中插入的 3 条数据